프렌치커넥션을 따라 떠나는

베트남, 라오스, 캄보디아 3국의 커피, 누들, 비어

프렌치커넥션을 따라 떠나는
베트남, 라오스, 캄보디아
3국의 커피, 누들, 비어

초판인쇄 2019년 12월 6일
초판발행 2019년 12월 6일

지은이 이영지
펴낸이 채종준
기획·편집 이아연
디자인 김예리
마케팅 문선영

펴낸곳 한국학술정보(주)
주소 경기도 파주시 회동길 230(문발동)
전화 031 908 3181(대표)
팩스 031 908 3189
홈페이지 http://ebook.kstudy.com
E-mail 출판사업부 publish@kstudy.com
등록 제일산−115호(2000. 6. 19)

ISBN 978-89-268-9716-4 03980

프렌치커넥션을 따라 떠나는

베트남, 라오스, 캄보디아
3국의 커피, 누들, 비어

글 이영지
사진 유병서

이담
Books

이 여행의 시작은 '라오 비어^{Lao Beer}'에서 비롯되었다. 생전 처음 들어본 라오 비어, 라오스에서 생산되는 이 맥주가 맛있다는 입소문은 인도차이나에 대한 호기심을 자극했다. 더구나, 국내 생산용이라 해외에서는 쉽게 접하기 어렵다고 했는데, 우연히 출장자가 가지고 온 한 캔의 라오 비어를 통해 '이 세상에서 가장 맛있게 마신' 맥주를 경험하게 되었다. 그래서 이 맛있는 맥주를 다시 한번 경험하고자 여행을 기획했다. 반면, 라오스에서 이런 맥주를 생산하고 즐긴다는 사실이 많은 궁금증을 불러 일으켰다. 또한, 라오스 국수^{이하 '누들'로도 표기}도 별미라는 얘기는 인도차이나 여행에 대한 확신을 주었다.

최근 한국의 모그룹에서 운영하는 베이커리 브랜드에서는 라오스 커피를 수입한다는 사실은 '라오스 커피'에 대한 궁금증을 더해 갔고, 이는 베트남의 커피와 쌀국수, 맥주로 확대되어 갔다. 관련 자료들을 탐색하는 과정에 태국을 중심으로 동쪽의 국가들인 캄보디아, 라오스, 베트남 3국이 프랑스의 오랜 식민지였던 것 또한 알게 되었다. 이들 국가에는 커피 외에도 많은 프랑스 문화와 제도, 관습 등이 분명 남아 있으리라는 가정 하에 우린 인도차이나의 커피^{Coffee}, 누들^{Noodle}, 비어^{Beer}, 그리고 프렌치^{French} 컨셉으로 여행을 떠났다.

베트남, 라오스, 캄보디아^{이하 '인도차이나 3국'이라 칭함}는 비교적 한국에서 가깝고 여행 경비 부담이 적다는 이유로 쉬운(?) 여행지^{예: 학습이 특별히 필요 없다고 생각하는}로 선택된다. 하지만 직접 테마를 잡고 여행을 해 보니 그들의 공통된 식문화의 특징과 함께, 인도차이나 3국 삶의 모습에 숨겨진 프랑스의 역사적 영향력을 알리고 싶었다. 예를 들어 '커피와 누들, 맥주'는 이들 세 국가들의 공통된 식문화이다. 그리고, 그들 국가경제의 중요한 역할을 하고 있다.

그런 커피와 맥주 산업의 기반은 19세기 프랑스 식민지 시절에 프랑스인으로부터 시작되었다. 프랑스 식민지와 전쟁, 공산화로 인한 가난은 세 나라 모두 쌀국수를 주식^{主食}으로 하는 삶의 방식을 낳았다. 이때, 베트남 하노이의 쌀국수, '포^{pho}'는 프랑스의 '포터포^{Pot au Feu}'라는 소고기 국물요리에서 탄생되었다. 또한, '인도차이나'라는 용어도 프랑스가 이 지역을 지배하기 시작하면서 새롭게 만들어 낸 용어였다. 앙코르와트는 프랑스인들에 의해 재발견되어 파리 식민지 박람회 및 각종 여행 잡지 등을 통해 그 가치가 유럽 열강들에게 알려지게 되었고, 지금의 위상까지 오게 된 것이었다.

　1931년 파리에서 개최된 '국제 식민지박람회Exposition Colonial de Paris'에서 앙코르와트는 모형물로 재현되었다. 프랑스는 인도차이나를 지배하는 그들 권력을 전세계에 과시하고자 했고, 인도차이나를 대표하는 건축물인 '앙코르와트'의 모형물Replica을 박람회에 선보였다. 이를 계기로 앙코르는 물론 인도차이나에 대한 서양인들의 관심을 이끄는 계기를 마련하게 되었던 것이다. 이렇듯 알게 모르게 숨겨진 인도차이나 3국의 삶의 방식 속 숨겨진 프랑스의 역할을 그들의 공통된 식문화인 '커피Coffee, 누들Noodle, 비어Beer'를 중심으로 여행하며 책으로 구성하였다. 이 책은 동남아시아 국가 중 프랑스어권 국가들즉, 프랑스 식민지 지배를 받은 경험과 영향으로 동남아시아에서 공산화가 된 국가들인 인도차이나 3국, 베트남/라오스/캄보디아의 음식문화탐색과 그 바탕이 된 프랑스 영향력커넥션Connection에 대한 여행기이다.

동남아 여행을 하면 서양인 노老부부들을 많이 보게된다. 한 손에는 여행책자를 들고 서로 의논하며 길을 나아간다. 박물관이나 유적지를 거닐 때도 소개책자의 내용을 보며 학습하듯 열심이다. 그들의 모습이 부러워 나의 미래 모습으로 삼고 싶었다. 나이가 들어도 여행 다닐 수 있는 건강이 있고, 경제적 여력이 따르고, 지적知的 호기심 또한 잃지 말아야 되기 때문이다. 또한, '함께 여행을 한다'는 것은 오랜 시간 속에서 생겨난 상호간의 신뢰와 배려, 사랑이 있어야 가능할 것이다. 2019년 12월이면 결혼 25주년이다. 이 여행과 책은 은혼식銀婚式을 기념하는 것이다. 항상 기회를 제공해주며 인생의 반려자로 나를 격려해주고 용기를 준 남편께 감사하고 싶다. 그리고 내가 살아가는 힘과 성장의 동력을 주는 '나의 삶의 이유'인 사랑하는 딸, 지원이, 그리고 또 한번의 글을 완성하게 이끌어 주신 하느님께 감사를 드리며 이 책을 전하고 싶다.

2019년 11월
이영지

Contents

▶   본론으로: 여행 속으로, 호기심을 채우다

▶   마무리하며: **여행의 추억, 호기심을 간직하다**

Chapter 7   **여행을 마치고 워크북(WORKBOOK) 작성하기**

"여행은 아는만큼 보인다"라고 한다. 그래서, 알고자
하는 사실(Fact)과 가설(Hypothesis)을 가지고 관련
정보를 찾으며 공부했다.
"발견은 준비된 사람이 우연히 마주치는 사건"이라고
알베르트 스젠트 기요르기가 말한 것 처럼.

여행의 준비, 호기심을 키우다

▼
▼

Chapter 1

프랑스,
인도차이나(Indochina)라는
말을 만들어 내다

인도와 중국 사이, 인도차이나에 프랑스 문화를 심다

베트남, 캄보디아, 라오스 세 나라를 표현할 수 있는 하나의 단어가 있다. 영어로는 '인도차이나Indo-China', 불어로는 '인도친Indo-Chine'이다. 하지만 최근에는 이런 표현이 거의 사용되지 않고 있다. 왜냐하면 '인도차이나'라는 단어는 이 세 나라를 프랑스가 지배하며 지칭한 19세기 신조어였고 과거 식민지 역사를 투영하고 있기 때문이다.

단어가 표현하는 그대로 '인도차이나'는 인도와 중국차이나 사이에 있다는 것을 의미한다. 하나의 국가가 다른 강대국 사이에 있다는 이유로 그렇게 지칭되는 것 또한 서구 열강의 식민지 사관에 의한 것이라 생각된다. 하지만 또 한편으로 보면, '인도차이나'라는 단어는 중화 문명의 영향을 받아 온 베트남과 인도불교/힌

15

^{유교} 문명의 영향이 강한 라오스와 캄보디아를 인문지리학적 관점에서 절묘하게 포착한 단어이기도 하다. 당시 프랑스인들은 서로 매우 상반된 문화와 전통을 가진 세 나라를 한 단위의 지역 혹은 나라^{연방국가}처럼 통칭하고자 인도차이나 연방이라는 용어를 만들어 냈다.

17세기 네덜란드는 인도네시아로, 18세기 말 영국은 미얀마로 진출한 반면, 프랑스는 다른 유럽 국가들에 비해 동남아시아 진출이 매우 늦었다. 19세기 중반에서야 본격적으로 아시아 진출을 하게 되는데, 그곳이 바로 인도차이나 지역이다. 1863년부터 현재 베트남 지역의 통킹^{Tonkin, 지금의 '하노이'}과 안남^{Annam, 지금의 '다낭'}, 코친차이나^{Cochin-china, 지금의 '호찌민'} 그리고 캄보디아^{1887년}와 라오스^{1893년} 등 5개 지역이 프랑스의 식민 지배를 받게 되면서 '프랑스령 인도차이나 연방^{French Indochina, Indochine française}'이라는 용어가 탄생하게 되었다. 이때 베트남의 '호찌민'과 '하노이'는 번갈아 인도차이나 연방^{Union Indochinoise}의 주도^{州都} 역할을 하게 되고, 이러한 영향으로 베트남은 캄보디아, 라오스보다 훨씬 많은 프랑스의 흔적들을 가지고 있다.

반면, 프랑스는 캄보디아의 영토가 아닌 '앙코르' 지역을 태국으로부터 빼앗아 인도-차이나의 상징물*로 만들어 낸다. 이렇듯

---

* 김은영(2011), 「인도-차이나와 19세기 프랑스 삽화 여행기」, 『프랑스사연구』 (24), p.34.

프랑스는 다른 서양 열강들이 동인도회사 등을 앞세워 경제적 착취와 무력침략만을 고수한 것에 반해, 그들의 예술과 과학, 그리고 문화를 함께 들여왔다. 예를 들면 가톨릭 전파를 위해 알파벳 문자**를 개발, 교육시키고 성당을 지었다. 그리고 하노이 오페라 하우스, 대학 등 프랑스에 있는 많은 문화 및 교육 시설 등을 세웠다. 이 이면에는 (지금 보면 정당해 보이지는 않지만) 식민지 국민들을 계몽해야 한다는 종교적 소명^{召命} 의식(?)이 작용한 듯하다. 반면 인도차이나 3국의 젊은 지식층들은 프랑스 유학을 통해 서양 선진문물은 물론 프랑스의 혁명정신^{자유, 평등, 박애}을 배워오기도 했다. 이는 그들의 독립운동 정신의 바탕이 되기도 했다. 하지만 식민지 지식층들은 유학을 통해 프랑스 막시스트^{Maxist, 사회주의} 사상 또한 배워 오게 되는데, 이는 독립과 함께 인도차이나 3국이 공산화 국가가 되는 아이러니한 결과를 낳게 된다. 실제로 캄보디아의 폴 포트^{Pol Pot}, 베트남의 호찌민 등 모두 프랑스 유학파들이다.

** 16세기 이전의 베트남 문자는 한자와 유사했는데, 이를 '쯔놈(Chu Nom)'이라 불렸다. 하지만, 16세기부터 선교사 알렉산드르 드 로도스(Alexandre De Rhodes)가 만든 로마표기로 점차 통일이 되었는데, 이는 프랑스인들이 성경을 전파하기 위한 목적에 의한 것이다. 이러한 문자는 19세기부터 '꾸옥'이라 불리게 되었으며, 프랑스어와 유사한 발음을 가진 단어들도 많다.

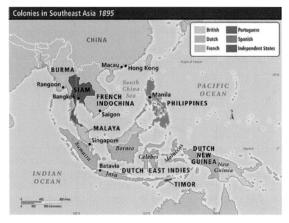

▶ 1895년 강대국들의 동남아시아 식민지 현황

인도차이나* 연방: 베트남, 캄보디아, 라오스 3국

하나의 동남아시아 문화권으로만 생각해 온 베트남, 라오스, 캄
보디아 3국은 '인도차이나'라는 용어가 반영하듯, 중국의 영향으
로 유교화된 베트남과 인도·힌두문화의 영향이 강한 라오스와
캄보디아로 나뉜다. 또한 인도차이나를 지배했던 프랑스인들이
한 다음의 말과 같이 서로 간의 문화나 삶의 방식에는 매우 커다

---

* 인도-차이나를 지리 용어로 발명한 인물, 말트 브랭은 1804년 출판한 『수학적, 물리적, 정치적
세계지리』의 12권에서 처음으로 인도-차이나라는 개념을 선보임.

란 차이가 있다.

"베트남인은 쌀을 심는다. 캄보디아인은 쌀이 자라는 것을 본다. 라오스인은 쌀이 자라는 소리에 귀 기울인다."

각국이 다양하고 상이한 문화를 가지고 있지만 베트남, 캄보디아, 라오스의 인도차이나 3국의 주식은 '쌀'이다. 이는 공통된 식문화인 '쌀'을 재배할 때 베트남, 캄보디아, 라오스인들이 각기 다른 태도를 가진 것을 매우 적절하게 표현한 말이다. 베트남 사람들은 중국식 과거제도 도입과 유교적 문화의 영향으로 집단적 사고와 출세욕이 강하고 부지런하다. 반면, 라오스 사람들은 느긋하다. 윤회설을 믿으며 현재의 삶에 만족하며 소박한 삶과 행복을 추구한다. 심지어 집에서 키우는 가축이나 반려견마저 라오스 사람들처럼 여유롭고 한가하다.

실제로 프랑스는 이렇게 서로 다른 삶과 문화의 방식을 감안하여 세 나라에 대해 '분할통치정책'을 폈다. 또한, 베트남인들을 주요 관리들로 채용하고 베트남 출신 관리들을 통해 캄보디아와 라오스를 지배했다. 통킹^{지금의 '하노이'} 출신 베트남인들은 라오스를, 코친차이나^{지금의 '호찌민'} 출신 베트남인들은 캄보디아를 통치했다. 이러한 역사적 배경으로 인해 지금도 베트남과 라오스 혹은 캄보디아와의 관계는 우리와 일본 관계만큼이나 복잡하다.

메콩강, 인도차이나 3국을 가로지르는 대동맥

인류의 역사 발전에 있어 강江이 주는 의미는 엄청날 것이다. 인류 4대 문명이 모두 강에서 시작되었다는 자체로도 '강'이 가진 역할이 얼마나 중요했는지 알 수 있다. 사람들은 강을 통해 다양한 민물고기 등 풍부한 식량을 안정적으로 공급받을 수 있었고, 농사를 위한 물 공급이 가능하여 정착 농경사회를 이룰 수 있었다. 그러면서 강 주변으로 하나의 사회를, 하나의 국가를 만들어 갔다. 그러나 이후 인류가 만들어 낸 엄청난 발전과 산업화는 강에 대한 고마움을 직접적으로 느끼기 어렵게 만들어 놓았다. 사

실 여태껏 살면서 '한강漢江'의 쓰임과 그에 대한 고마움을 생각해 본 적이 얼마나 있었나 싶기도 하다. 하지만 이번 인도차이나 여행에서 보고 느낀 '메콩강'의 위력은 평생 생각해 보지 못했던 강江의 역할을 다시금 깨닫게 했다.

4,350km나 되는 엄청난 구간을 흐르는 메콩강은 세계에서 12번째로 긴 강이다. 티베트고원에서 발원하여 중국 윈난성과 미얀마, 태국, 라오스, 캄보디아, 베트남을 거쳐 남중국해로 흐른다. 그러다 보니 지칭하는 이름도 다양하다. 그중 가장 잘 알려진 이름이 '메콩'이다. 이는 태국어 이름인 '메이 남 콩'의 줄임말이다.

메콩강은 여러 나라를 거쳐 가다 보니 강과 그 지류에 의존하는 사람의 수도 많다. 약 9천만 명으로 예측하고 있다. 더구나 캄보디아에서는 메콩강이 북에서 남으로 관통하며 흐르기 때문에 모든 국민들의 생계를 잇는 젖줄 역할을 한다. 참고로 캄보디아의 통화단위는 '리엘'이다. 메콩강에서 가장 많이 잡히는 물고기의 이름을 따서 만든 것이다. 과거에는 워낙 많은 양이 잡혀서 이를 통화수단으로 사용했었던 것 같다. 이렇듯 메콩강에는 천여 종 이상의 물고기들이 서식하고 있다. 또한 엄청나게 많이 잡히는 물고기를 장기간 보관하기 위해 소금에 절여 액젓피시소스, Fish Source을 만들어 먹는다. 이는 연중 인도차이나 3국 국민들의 중요한 단백질 공급원이 된다. 반면, 메콩강 하류의 삼각주 지역은 땅이 기름져 세계 최고의 곡창지대가 되었고, 이로 인해 삼모작을 하는 베트남은 세계 2위 쌀 생산국가가 되었다.

또한 메콩강은 수많은 사람들에게 식량을 공급해 줄 뿐 아니라, 선박이 다니는 물길 역할도 한다. 메콩강을 통해 선박으로 라오스 루앙프라방에서 수도 '비엔티안'으로도 갈 수 있다. 물론 계절에 따른 유량의 변화가 심하고 급류와 폭포가 많아 항해하기는 어려워 프랑스인들도 식민지 시절 항로 개척을 포기할 정도였지만 이들에게는 주요 물길(?)이다. 그래서 동남아시아, 특히 인도차이나 3국 여행에서 놓칠 수 없는 소재가 '메콩강江'이다. 하나의 큰 줄기인 메콩강이지만 흐르는 국가에 따라 그 의미와 쓰임이 다르기 때문에 각각의 나라에서 받는 메콩강의 느낌은 순간순간이 특별하다.

쌀국수, 인도차이나 3국의 소울푸드

동남아시아 10개국*이 구성한 정치, 경제, 문화 연합체를 '동남아시아 국가연합아세안, ASEAN'이라 부른다. 이 아세안ASEAN을 상징하는 엠블럼, 즉 깃발의 상징이 있는데, 이는 벼줄기 열 개를 허리

---

* 베트남, 라오스, 미얀마, 인도네시아, 말레이시아, 태국, 싱가포르, 필리핀, 브루나이, 캄보디아.

브루나이

캄보디아

베트남

인도네시아

태국

라오스

싱가포르

말레이시아

필리핀

미얀마

▶ 동남아시아 국가연합, 아세안(ASEAN)의 앰블럼

춤에서 한 단으로 묶어 놓은 형상이다. 10개국이 각각 다양한 역
사와 문화를 가지고 있음에도 불구하고 이들 모든 국가의 주식이
'쌀'이기 때문이다. 그래서 인도차이나 3국, 즉 베트남, 캄보디아,
라오스 여행은 같은 듯 다른 그들의 '쌀국수' 문화를 경험하며 그
들의 소울푸드의 의미를 느낄 수 있는 좋은 기회이다.

예전부터 국수는 어려운 시절을 대표하는 음식으로 통한다. 전
쟁과 가난의 상징으로 대표되는 음식이 국수이다. 우리나라도 어
려운 시절 해외로부터 원조 받은 밀가루로 만든 칼국수나 소면으
로 끼니를 때우는 경우가 많았다고 한다. 그 유명한 '평양냉면'은

북한에서 피난 온 실향민들의 애환이 서린 음식이기도 하다. 그런데 인도차이나 3국에서도 '국수'는 그런 음식이다. 오랜 식민지 시절과 전쟁으로 인해 이웃 나라 태국과 같이 특별한 음식문화가 발달할 수 없었다. 그래서 (쌀)국수는 간단하고 저렴하게 먹을 수 있는 그들의 소울푸드가 됐다.

우리나라에서 먹는 국수는 거의 '밀가루' 혹은 '메밀'로 만들어진다. 칼국수, 소면, 밀면 등 모두가 밀로 만들어졌다. 하지만 인도차이나 3국에서 즐기는 국수는 모두 쌀로 만든 국수들이다. 우리에게는 단순하게 '쌀국수'로 알려진 음식은 생각보다 나라마다 그리고 지역마다 종류가 매우 다양하다. 쌀국수의 특징 중 하나는 각자 취향과 입맛에 맞게 조절해서 먹는다는 것이다. 또한 지역별로 다르긴 하지만 국수에 별도로 제공되는 양념과 향신채들도 많다. 액젓부터 소금, 설탕, 나진 마늘, 칠리소스, 식초, 라임^{칼라만시} 등 다양한 양념들이 함께 제공된다. 그래서 라임^{칼라만시}을 몇 개 짤지^{한 개만 짤지, 다섯 개를 짤지}, 다진 마늘을 넣을지, 액젓^{fish source}은 얼마나 넣을지 고민이 많이 된다. 추가하는 양념의 범위와 양에 따라 맛은 각양각색이다. 예를 들어 처음에 조금 짠 듯한 육수 맛은 라임을 넣다 보면 라임이 그 짠맛을 잡아 주는 것을 느낄 수 있다. 매콤하고 칼칼한 맛을 원하면 칠리소스와 다진 마늘을 넣으면 된다. 한 가지의 국수로 제공되지만, 수십 가지의 맛을 만들어 먹을 수 있는 것이 이 곳 인도차이나 3국의 '쌀국수'를 먹는 별미다. 반면, 인도차이나 3국의 국수는 태국처럼 '코코넛 밀크'를 사용하지 않는다.

쌀국수 외에도 우리가 잘 알지 못했던 다양하게 발달한 동남 아시아의 쌀 문화도 경험할 수 있다. 우리가 알고 있는 동남아시 아의 쌀은 '안남미', 즉 '찰기 없이 날아다니는 쌀'이다. 하지만 이 곳에도 찹쌀이 있어 우리처럼 떡도 만들어 먹고 찰밥도 즐겨 먹 는다. 특히 라오스에서는 검은색의 찹쌀이 많이 생산되기 때문에 라오스 루앙프라방에서 '탁발'을 할 때 갓 지은 검은색 찰밥을 봉 양하기도 한다. 닭 육수에 끓인 죽도 즐겨 먹고 검은 찹쌀에 코코

▸ 대나무 밥

넛 밀크를 섞어 달달한 디저트도 별미이다. 쌀이 풍부하게 생산되는 만큼 이를 이용한 쌀 문화도 우리보다 더 다양해 보인다.

액젓, 인도차이나 3국의 우마미(Umami)

일본어인 '우마미Umami'는 우리말로 '감칠맛'이다. 우리가 기존에 알았던 네 가지 미각인 단맛, 신맛, 쓴맛, 짠맛 외에 1908년에 발견된 '제5의 맛'이다. 예를 들면, MSG글루타민산-모노나트륨에서 느낄 수 있는 맛처럼 '좀 더 먹고 싶은 맛' 혹은 '중독의 맛' 같은 것이다. 이런 맛을 인도차이나 3국의 쌀국수나 각종 볶음 요리 등에서 느낄 수 있다. 이 우마미의 비밀은 모양새나 맛은 같아 보이지만 베트남에서는 '느억맘(?)', 캄보디아에서는 '뜩뜨라이(?)', 라오스에서는 '남빠(?)'라고 각기 달리 불리는 음식이다. 이것은 쌀국수를 먹을 때나 반찬을 만들 때 음식의 감칠맛을 더해 주는 비밀병기이다. 우리나라 말로 하면 '액젓피시소스, fish source'이다. 우리나라에서도 탕이나 국에 새우젓이나 까나리액젓을 살짝 넣어 감칠맛을 느끼도록 조리하는 것과 같다.

메콩강이라는 천혜의 자원으로 인해 동남아시아, 특히 베트남, 캄보디아, 라오스는 어장魚醬 문화권을 형성한다. 메콩강으로부터 얻은 풍부한 단백질원源인 다양한 생선들을 고온다습한 기후에도 불구하고 장기 보관해 먹기 위해 '액젓'을 만들어 냈다. 부패하지 않을 뿐 아니라 몸에 필요한 소금과 단백질의 공급원이 될 수 있었던 '액젓'은 인도차이나 국가들의 공통된 주요 음식문화이다. 쌀국수를 먹을 때마다 액젓 1티스푼을 넣고 맛을 본 후, 다시 1티스푼을 추가하여 그 양을 조절함에 따라 전혀 다른 맛의 쌀국수를 먹을 수 있다. 비빔국수의 양념장에도, 생선찌개의 마지막 간에도, 때로는 3년 묵은 젓갈 내 생선을 반찬으로 액젓을 이용한다. 우리나라 삭힌 음식과 같이 냄새와 모양은 고약하지만, 우리가 인도차이나 3국 여행 시 먹은 음식의 맛을 잊지 못하고 기억하며 다시 찾고 싶게 하는 비밀은 바로 '액젓'의 감칠맛이라 생각된다.

삶을 대하는 서로 다른 태도, 공동체 의식과 카르마(Karma)

앞에서도 잠시 언급했듯이 베트남과 라오스, 그리고 캄보디아는 오랜 종교적인 전통으로 인해 사고방식이나 삶을 대하는 태도가 매우 다르다. 베트남은 오랜 유교의 전통으로 인해 강한 공동체 의식과 그 속에서의 '입신양명立身揚名'에 대한 욕구가 강한 나라이다. 반면, 캄보디아, 특히 라오스는 힌두교와 소승불교의 영향으로 출세보다는 개인의 수행을 더 중시한다.

1975년 이후 베트남에서는 공산주의가 비교적 성공적으로 정착했다. 반면, 캄보디아는 '킬링필드'라는 대변혁을 겪으면서도 공산화에 성공하지 못했다. 이에 대한 문화적인 원인 중 하나로 캄보디아인들의 '카르마Karma or Dharma'를 꼽기도 한다. 라오스나 캄보디아인들은 세속적인 법法보다는 '카르마'를 더 중시한다. 산스크리트어고대 인도어 중 하나인 '카르마'는 단어 그대로 해석하면 '행위'라는 뜻이다. 하지만 보통 불교에서는 '업業'으로 해석되고 있다. 불교사상의 '인과응보', '윤회사상'에서 말하듯 '사람은 전생前生 때 행위 결과인 업보, 즉 카르마를 해소하기 위해 이 세상에 다시 태어난다'고 라오스와 캄보디아인들은 믿고 있다. 즉, 현생現生의 모습도 '업'의 소산이라고 믿고 있기 때문에 삶에 있어 선업善業을 쌓는 것이 복을 받는 일이라 생각한다. 그래서 라오스나 캄보디아인늘은 '탈세속적 목표를 추구하며 집단보다 개개인의 수행'을 강조한다. 따라서 국가 통합적 의무감이나 사회 보편적 윤리의식이 그리 중요하지 않다. 즉, 국가와 사회가 그리 강한 유대감이나 체계를 갖기 어렵다. 개인의 카르마, 즉 '업'과 개인주의적 수도를 중시하는 소승불교의 영향으로 캄보디아와 라오스는 공산국가임에도 불구하고 많은 불교 사원들이 존재하고 있고 불심도 강하다. 또한 불가佛家로 출가하는 이도 아직 많은 편이다.

　반면, 베트남은 생계를 위한 전통적·집단적인 협동 작업과 행정력이 강하다. 이는 집단성과 인간 상호관계를 강조하는 대승불교와 유교의 영향이라 할 수 있다. 베트남의 유교적 전통은 사회에 대한 개인의 책임을 강조하고 엄격한 규율을 중시하며 지도자들에게 민족과 국가의 도덕적 표상을 요구하고 있다. 이러한 차이점을 간파한 프랑스인들은 베트남 관리인들을 통해 라오스와 캄보디아를 간접적으로 통치했던 것 같다. '베트남인은 쌀을 심는다. 캄보디아인은 쌀이 자라는 것을 본다. 라오스인은 쌀이 자라는 소리에 귀 기울인다'의 뜻도 모두 이러한 배경에서 나온 듯하다.

▼
▼

Chapter 2

100년의 역사,
인도차이나
커피, 누들, 비어(Beer)

베트남, 캄보디아, 라오스 3국은 프랑스령 인도차이나 연방이 되기 수백 년의 시간 속에서 그들만의 문화와 삶의 방식을 만들어 냈다. 그중 쌀과 액젓을 중심으로 하는 식문화는 오랜 그들의 지혜와 삶의 해답이 녹아 만들어진 것이다. 하지만 프랑스 지배를 받은 지난 100여 년간의 역사로 인해 베트남, 캄보디아, 라오스에서는 19세기 이전에 없던 식문화를 새롭게 탄생시키고 유지하고 있다. 커피와 누들, 맥주, 이 세 가지가 바로 인도차이나 연방 시절에 새롭게 탄생되거나 변형된 식문화이다.

인도차이나에 삶의 터전을 다지기 시작하면서부터 프랑스인들은 이미 유럽에서 즐겨 왔던 커피나 맥주가 많이 그리웠을 것이다. 그래서 그들의 기호식품인 커피와 맥주 등 프랑스인들의 삶의 일부이자 방식들을 인도차이나 3국에 소개했다. 결국 오늘날 커피와 맥주는 베트남, 캄보디아, 라오스 3국에서 삶의 일부가 되었고 그들의 기호식품이 되었다. 더구나 시장 개방정책 이후 커피와 맥주 산업은 국가 재정에 큰 보탬을 줄 뿐 아니라 이 나라 경제의 중추적 역할까지 하고 있다.

프랑스 카페(Café)*와 인도차이나 커피

베트남에서 처음 커피가 재배된 것은 19세기 중반이다. 당시 베트남을 지배했던 프랑스는 베트남 중남부 지방에 대규모의 커피 농장을 세우고 재배를 장려했다. 전 세계적으로 커피 농장들은 '커피벨트Coffee Belt', 즉 적도를 중심으로 남위 25도부터 북위 25도 사이의 열대 · 아열대 지역 내 해발 200~1,800미터 이하에 위치해 있다. 그런데 잘라이Gia Lai, 닥락Dak Lak 같은 베트남 중부고원 지대는 이 커피벨트에 딱 맞는 곳이었다. 더구나 건기와 우기가 뚜렷하고 강수량도 1,300mm 이상이 되어 커피 생산에 적합한 기후와 토양 등의 조건을 갖춘 것을 프랑스인들은 상당히 감사했을 것 같다. 더구나 커피 향이 그리웠을 프랑스인들에게는 베트남 농민들의 저렴한 노동력을 이용한 대량 커피 생산은, 수탈의 목적과 더불어 좋은 기회가 되었을 것이다. 게다가 이미 1711년

---

* 프랑스에서는 커피를 '카페(café)'라 칭함

32

인도네시아에서 처음으로 커피가 풍작이 되면서 네덜란드는 동인도무역회사를 통해 막강한 이익을 취하고 있었고, 이는 커피에 대한 사랑이 남달랐던 프랑스인들에게는 많은 자극이 되었을 것이다.

라오스의 커피 산업도 프랑스 식민 시절 1900년대 초반에 심은 커피나무에서 시작한다. 이는 현재 라오스의 매우 중요한 수출 품목 중 하나가 되었다. 라오스 남부의 볼라벤고원Bolaven Plateau이 '커피벨트'에 포함된다. 최근에는 세계 유명 농업 식품 기업들은 물론 한국인 투자자들이 대규모 농장을 운영 중이다. 커피 농장 외에도 커피 추출의 전문성을 가지고 있는 스페셜티 커피숍[루앙프라방의 인디고 카페Indigo Café, 샤프론 커피]들도 많이 생기고 있어 신선한 현지 커피와 문화를 즐길 수 있다.

프랑스 포터포(국물요리)와 인도차이나 누들

베트남, 라오스, 캄보디아 3국에서의 국수문화는 왜, 어떻게 발달했는지 많이 궁금했다. 이곳에서는 점심 이후에는 국수를 팔지 않았다. 주로 아침 식사로 아침, 그리고 오전에만 먹기 때문이다. 이런 식문화의 발달이 궁금해 라오스 루앙프라방에서 만난 현지 라오스인 가이드에게 문의를 했다. 그랬더니 전쟁과 오랜 가난의 역사로 인해 음식문화가 발달하지 못해 아직도 국수를 많이 먹는다고 했다. 그 가이드의 말에 나는 아차! 싶었다. 우리는 "베트남과 캄보디아처럼 라오스에서도 '국수'를 많이 즐기지 않냐, 어디서 먹으면 맛있는지?"의 의도로 질문을 했을 뿐인데, 라오스 가이드는 그들의 전쟁과 가난의 시간을 언급하며 국수가 발달한 원인을 부정적인 방향으로 답변해 주었다. 태국과 같이 왕족이 유지되고, 침략과 식민의 시절이 없던 나라는 다양한 요리와 식문화가 발달, 유지된 반면 베트남, 라오스, 캄보디아 세 나라는 가난의 상징으로 '국수문화'가 남아 있는 것처럼 보였다.

그러고 보니 우리나라도 어려웠던 시절에는 밀가루 혹은 메밀가루로 만든 칼국수, 수제비, 밀면, 막국수, 냉면 등 다양한 국수로 끼니를 이어 갔었다. 어려운 시절에는 국수 한 그릇이 서민들에게는 배고픔을 달래는 '소울푸드'가 된 것이다. 6·25전쟁 후 남쪽으로 피난 온 실향민들이 전한 '냉면'의 역사는 베트남 하노이의 '쌀국수 포Pho' 이야기와도 비슷했다. 베트남의 소울푸드인 쌀국수 포Pho. 국물이 있는 쌀국수는 하노이에서 탄생되었다. 생각보다 베트남 쌀국수 '포'의 역사는 그리 깊지 않다. '포'가 베트남 국민음식으로 자리 잡게 된 것은 대략 1950년대 이후로 보고 있다. 또한 하노이에서 시작된 '포'는 베트남 전쟁과 분단의 시기에 하노이 주민들이 생계 수단으로 포를 만들어 팔면서 베트남 전역으로 퍼지기 시작했다고 본다. 이는 베트남뿐 아니라 미국과 프랑스

▶ 인도차이나 3국의 각종 국수들

등에 쌀국수가 전파된 배경과 비슷하다. 전쟁을 피해 도피한 베트남 보트피플*이 생계를 위해 쌀국수를 팔기 시작하면서 미국과 프랑스 등에서도 즐겨 먹는 음식이 된 것이다. 프랑스 파리 13구 _{차이나타운이 있는 곳}에 가면 쌀국수집들이 많은데, 이는 베트남인들이 공산화된 고국을 등지고 타국에서 잘 정착할 수 있도록 도운 생계 수단이기도 했다.

여느 동남아 국가들처럼 베트남 사람들도 소고기 대신 돼지고기와 해산물을 즐겼는데, 프랑스의 영향을 받아 소고기를 이용한 쌀국수를 만들었다고 한다. 이는 베트남 쌀국수 포^{Pho} 의 어원이 프랑스의 대표요리 '포터포^{Pot au feu} '에서 기인했다고 보는 속설이다. 프랑스 식민지 시절, 프랑스인들이 소고기의 살코기와 뼈로 요리하는 것을 보고 이를 응용하여 만든 것이 하노이 쌀국수인 '포'이다. 진하게 우린 소고기 국물로 만들어진 하노이 쌀국수 '포'는 지금까지 한국에서 보던 쌀국수와는 사뭇 다르다. 간단히 표현하자면 우리나라 곰탕 국물과 많이 유사하다. 호찌민식 쌀국수가 맑은 국물과 다양한 향신채를 사용하는 것과는 다르게 하노이식은 진한 소고기 국물에 파 같은 양념만 듬뿍 넣어 먹는다.

반면, 중국에서는 쌀국수에 대해 다른 주장을 한다. 베트남과

---

* 1975년 4월 30일 베트남 전쟁이 끝나면서 쪽배를 타고 무작정 바다로 나가 공산화된 조국을 탈출한 베트남 사람들.

인접한 광동과 광서 지방에서 발달한 소고기 국수, 우육면이 베트남 쌀국수의 원조라는 주장이다. 19세기 말부터 20세기 초까지 중국 남부의 많은 중국인들은 가난과 전쟁을 피해 다른 동남아시아 국가로 이주를 했다. 이때 베트남 하노이로 건너온 중국인들은 프랑스인들이 버리고 먹지 않는 소고기 부위를 모아 육수를 만들었다고 한다. 그리고 쌀국수를 삶아 소고기 육수와 함께 어깨에 멜빵을 만들어 메고 다니며 팔았다고 한다. 이때 중국 광동어로 '육판'고기국수'라는 뜻'이라고 불렀는데, 우육면이 잘 팔리자 베트남 사람들도 소고기 국수를 만들어 팔면서 베트남어로 '눅판 nhuc phan'이라는 비슷한 발음으로 지칭했다는 이야기도 있다.

　라오스 아침시장모닝마켓, morning market에 가면 다양한 쌀국수들이 진열되어 있다. 조금 특이한 것은 건조된 쌀국수면이 아니라 이미 삶아 놓은 것들이다. 집에 가서 육수만 부어 바로 먹을 수 있는 상태이다. 국수면도 모양별로 사이즈별로, 각종 식감별로 다양하다. 아침에 그 국수만 사 가는 사람들도 많다. 길에서도 자전거에 국수면을 가득 싣고 다니며 집집마다 방문하며 파는 모습도 쉽게 볼 수 있었다.
　인도차이나 3국에서의 국수가게들은 일반적으로 오전 중에만 영업을 하기 때문에 12시 전에 도착하는 것이 좋다. 문을 닫을 즈음 가게 되면 오전 내내 끓여진 육수의 간이 강해져서 신선한 국물 맛을 즐기기 어렵다. 하지만 베트남은 이제 쌀국수가 관광상품화되어 하루 종일 밤늦게까지 즐길 수 있는 곳도 많다.

세계의 주목을 받는 인도차이나 맥주

동남아 여행의 별미(?) 중 하나는 맥주다. 동남아시아의 역사적 배경과 현재의 정치, 경제, 사회, 문화적 요구에 따라 '동남아 맥주' 인기는 급상승 중이다. 19세기부터 서양 열강에 의해 각 지역별·국가별로 개성 있는 맥주가 탄생하였고, 최근에는 젊은 인구층의 급격한 증가와 개발도상국의 정치경제적 상황[술을 통한 유희遊戱 혹은 세수 확보, 비즈니스 확대]이라는 시대적 특징으로 인해 '술', 특히 맥주에 대한 수요가 꾸준히 증가하고 있다.

맥주가 비록 서구 문화의 산물이지만, 동남아시아권에서는 국가별로 그 나라 나름의 문화적 기준과 척도에 따라 다양한 맥주와 맥주문화를 만들어 내고 있다. 태국의 '싱아Shinga', 필리핀의 '산미구엘San Miguel', 인도네시아의 '빈땅Bintang', 싱가포르의 '타이거Tiger', '아시아 맥주의 돔 페리뇽Dom Perignon of Asian Beers'이라 불리는 라오스의 '비어 라오Beer Lao', 베트남의 '하노이 or 사이공 비어', 캄보디아의 '앙코르 비어' 등 이름만 들어도 알 만한 많은 맥주 주자走者들이 있다. '메이드 인 아시아'임에도 맛과 품질은

▶ 동남아시아의
　다양한 맥주들

글로벌 서구 브랜드 맥주 못지않다. 현지에서는 로컬맥주들이 단연 인기다. 베트남의 '비아호이^Bia Hoi'와 같이 도심 한가운데 노천 카페에 앉아 마시는 생맥주와 그 북적거리는 분위기는 마치 여행 속에서 오아시스를 만나는 시간과 같다. 기름에 볶고 튀긴, 그리고 새콤달콤하며 향이 강한 동남아 음식과 로컬맥주와의 궁합은 찰떡이다. 얼음을 타서 마시는 생맥주는 가격도 착하다. 맘껏 부담 없이 즐길 수 있는 동남아 여행 문화 중 하나가 '맥주'다.

서양열강에서 배운 150년 역사의 맥주

동남아시아에서 맥주가 생산되기 시작한 것은 19세기 식민지 시절부터이다. 유럽인들의 동남아 진출과 함께 영국령 인도와 네덜란드령 인도네시아, 그리고 중국과 필리핀 등에서 맥주가 생산되었다. 유럽의 맥주 제조 기술을 이용한 최초의 현대식 양조는 1830년 인도에서부터이다. 인도의 무더운 날씨로 인해 파견 나온 영국 군인들과 행정가들은 맥주에 대한 간절함이 매우 컸을 것이다. 이는 현지에서 맥주를 직접 양조하여 소비하게 했다. 반면, 아시아 맥주는 20세기 초반 서구 열강들이 좋은 물을 찾아 세운 공장이 원조가 되었다. 칭다오 맥주는 독일의 조차지 시절인 1903년, 필리핀의 산미구엘은 스페인 점령지 시절인 1890년을 그 역사의 시점으로 본다.

동남아시아에서는 덥고 습한 날씨 특성상 향을 내기 유리한 '에일Ale'보다는 시원한 청량감을 강조하는 '라거' 맥주가 대세다. 맥주 생산의 90% 이상이 '라거Lager'다. 또한 청량감을 강조하기 위해 보리, 맥아 외 쌀, 옥수수 같은 곡식을 첨가한다. 사실 원가 절감 차원에서 이곳에서 많이 생산되는 쌀을 활용한 것이 '홉'의 쓴맛보다는 적당한 청량감을 충분히 느낄 수 있는, 그리고 부드러운 맛의 맥주를 만드는 비법이 되었다. 이렇듯 동남아시아 맥주들은 현지의 다양한 과일과 곡식을 이용하고 있어 한국보다 더 다양하고 풍미와 개성이 있는 맥주들을 즐길 수 있다.

젊은 층 인구가 많아 잠재력이 큰 나라들, 세계 유명 맥주 회사들의 주목을 받다

갈수록 고령자 인구 비중이 높아지고 있는 주요 선진국들에 비해 동남아시아는 젊은 층 인구가 많아 경제성장의 잠재력이 큰 곳이다. 에이비인베브AB InBev나 칼스버그 등 유명한 맥주 회사들의 주목을 받고 있는 이유도 이 때문이다. 반면, 술에 관대한 사회 정서와 강도 높은 노동환경은 맥주 소비를 급증시키는 주요인이기도 하다. 캄보디아 씨엠립 공항에 도착하자마자 입국장에서 마주친

대형 스크린 광고들이 모두 맥주 회사들이었다는 것과 라오스 루앙프라방 곳곳에서 접한 라오맥주 광고들은 이들 국가의 현실을 반영한 것이다. 이러한 동남아시아 맥주문화와 시장에 대한 잠재력으로 칼스버그 등 세계 유명 맥주 회사들은 합작으로 다양한 맥주들을 동남아시아에 출시하고 있다.

정부의 핵심정책인 맥주 산업

캄보디아, 라오스, 베트남 세 나라 모두 국가가 나서서 '술' 특히 '맥주 소비'를 장려하는 분위기다. 그러한 정책에 따라 주류 가격이 매우 낮다. 생맥주 500cc 한 잔이 500~1,000원 수준이다. 싱가포르에서 맥주가 한 잔에 15~20 싱가포르 달러^{13천원~17천원}에 달하는 것과 비교하면 이곳의 맥주 가격은 싱가포르의 1/10 수준이라 할 수 있다. 캄보디아의 펍 스트리트^{Pub street}나 베트남 하노이의 '비아호이' 등은 주류세가 높은 북유럽 혹은 싱가포르 국민들에게는 '맥주'에 대한 한(恨)을 마음껏 풀 수 있는 장소이다.

캄보디아는 국가를 대표하는 기업이 대부분 맥주 회사들이다. 씨엠립 공항 내 대형 광고는 거의 맥주 회사다. 라오스의 자랑도 '비어 라오'인데, 이 맥주를 만드는 회사가 라오스 전체 기업 중 매출 1위라고 한다. '맥주로 세상 근심을 잊으라고 싸고 맛있는

▶ 캄보디아 씨엠립의 명소 '펍스트리트(Pub Street)'

맥주를 공급하는 것이 라오스 정부의 핵심 정책'이라는 라오스 어느 엘리트의 비유를 보면, 동남아시아에서의 맥주문화가 어떻게 형성되고 있는지 알 수 있다. 역으로 생각해 보면 저렴하고 품질 좋은 맥주를 동남아시아에서 즐길 수 있다는 뜻이기도 하다.

개인적으로 와인을 무척 좋아한다. 와인 뿐만 아니라 와인을 마시는 분위기와 어울려 만들어 내는 스토리들도 좋아 와인을 많이 즐겼다. 하지만 싱가포르에 온 이후로는 와인을 거의 마시지 않았다. 전 세계 좋은 와인을 비교적 착한(?) 가격으로 마실 수 있음에도 손이 잘 가지 않는다. 아마도 날씨 탓인 듯싶었다. 더운 날씨에 와인을 마시면 손끝으로 모든 기운이 빠져나가 온몸이 축 늘어지는 경험을 한 후, 와인을 마시는 횟수가 줄었다. 사실 유럽에서도 와인을 본격적으로 마시는 계절은 가을부터이다. '보졸레누보'가 출시되면서 각 가정에서는 1년간 마실 와인들을 사기 시작한다. 그래서 9월부터 와인을 가장 많이 사고 마시기 시작한다. 날씨가 추운 한겨울에는 뱅쇼Vin Chaud, 'Hot Wine', 따뜻한 와인도 즐긴다. 유럽처럼 뼛속까지 스미는 습기 있는 추위에는 계피 향과 달달함이 가미된 뜨거운 와인을 마시면 온몸에 온기가 단숨에 퍼진다. 와인은 그러한 열기를 온몸에 빠르게 전달하는 술이다. 그래서 습하고 더운 날씨에는 어울리지 않는 듯하다. 반면, 맥주는 시원함과 청량감으로 온몸을 언 듯하게 열을 날려 준다. 동남아시아에서 각 국가별 유명 맥주가 론칭되고 사랑받는 이유를 알 수 있다.

▼
▼

Chapter 3

인도차이나 속의 파리(Paris)
그리고
프렌치 커넥션(French Connection)

동남아시아의 파리(Paris), 하노이

하노이는 1010년부터 지금까지 베트남의 수도首都로 천 년의 역사를 간직한 도시다. 그래서 '동남아시아에서 가장 오래된 수도'라는 명예로운 타이틀도 가지고 있다. 우리나라 신라 천 년의 역사를 간직한 '경주'와 같은 곳이다. 하지만 '경주'는 하나의 왕조를 대표하는 수도였다. 반면, '하노이'는 베트남의 여러 왕조리왕조,응우옌왕조의 정치, 경제, 문화의 중심지였을 정도로 그 가치는 교체되는 왕조 사이에서도 지속적으로 인정받아 왔다. 그리고 19세기 후반부터는 프랑스 지배하에서도 인도차이나 연방의 주도州都 역할을 해 왔다. 베트남, 캄보디아, 라오스를 아우르는 인도차이나 제국의 수도로 '동남아시아의 파리'라는 별칭까지 얻었다. 프랑스는 인도차이나 반도를 지배하기 시작하면서 처음에는 '사이공

지금의 '호찌민'을 수도로 정했으나 곧 '하노이'로 수도를 옮겼다. 하노이의 가치를 나중에 알아봤기 때문은 아닐까.

하노이 서부 구역^{West Quarter of Hanoi}, 즉 호안끼엠 호수 남쪽 구역은 프랑스의 식민 시절부터 베트남 사람들로부터 '하노이의 프랑스'라고 불린 곳이다. 1875년 프랑스가 하노이를 점령한 후 서부 구역에 그 터를 잡은 데서 그 역사가 시작되었다. 그래서 이곳에서는 프랑스의 느낌을 받을 수 있는 다양한 건축물과 거리 이름, 저택 등을 쉽사리 만나 볼 수 있다. 마치 프랑스 식민 지배의 위엄성을 보여 주듯 파리^{Paris}의 모습이 그대로 드러나 있다. 예를 들면 1910년을 전후로 지어진 오페라하우스, 신고전 스타일의 소피텔 메트로폴 호텔, 콜로니얼 건축 양식인 옛 인도차이나 은행, 성요셉 성당 등은 그 시대에 거주 혹은 방문, 장기 여행했던 프랑스인들의 삶의 모습을 엿볼 수 있는 곳이다.

1870년 나폴레옹 3세는 신인 건축가 샤를 가르니에^{Charles Garnier}로 하여금 파리 한복판에 '세계 최대 규모의 오페라 극장'을 짓게 했다. 프랑스 제2 제정시대에 지어진 건물 중 가장 많은 건축비가 소요된 건물이 지금의 '파리 오페라하우스' 즉, '팔레 가르니에^{Palais Garnier}'이다. 뮤지컬 〈오페라의 유령〉의 배경이 된 건물이기도 하다. 이곳은 파리를 여행하는 많은 이들이 방문하는 곳이며, 현지인들의 '만남의 장소'로 자주 사용될 만큼 도심의 중심 역할을 한다. 이러한 오페라하우스를 하노이에도 옮겨 놓았다. 물론 건축 양식이나 그 규모는 매우 축소 지향적(?)이나, 그 기능과 모양은 파리의 것과 유사해 보였다. 그 이유는 첫째, 도심 중심의 랜드마크 역할을 한다는 점이다. 파리와 유사하게 하노이 오페라하우스를 중심으로 사람들은 물론 많은 자동차와 오토바이들로 가득 찬 광장을 만들었다. 둘째는, 당시 체류하는 프랑스 귀족들과 식민 관리들이 오페라와 공연을 보기 위해 1911년 완공했다는 점이다. 프랑스 파리에서와 같은 문화생활을 베트남 하노이에서도 즐길 수 있고 삶의 질을 업그레이드시키는 장소이다. 파리 오페라하우스는 실내 투어만도 가능했으나 이곳은 공연이 있을 때만 들어갈 수 있어 그 점이 많이 아쉬웠다.

반면, 파리 노트르담 대성당보다는 규모는 작지만 프랑스 다른 지방에 있는 노트르담 성당과는 비슷한 크기의 것이 베트남 하노이의 성 요셉 성당이다. 이보다 먼저 완공된 호찌민의 노트르담 성당이 성모마리아의 이름에서 유래했다면, 이 성당은 예수의 양아버지이자 성모마리아의 남편인 성 요셉의 이름으로 건립된 곳이다. 신고딕 양식을 사용해 파리 노트르담 대성당을 모방하고자 했기에 그것과 매우 유사해 보인다. 반면, 교회 외벽은 매우 검다. 화강암 석판으로 되어 있어 심하게 닳아 보였다. 하지만 외벽과는 전혀 다르게 하얗게 장식된 성당 내부의 모습, 아치형 천장과 스테인드글라스 장식 등은 프랑스 파리에 와 있는 느낌 그대로였다.

▶ 하노이 오페라 하우스

▶ 성요셉 성당

이처럼 19세기 말 하노이에 건설된 프랑스식 건축들은 식민 지 배의 위엄성을 보이기 위한 극장, 우체국, 성당 등의 공공건축물 들이 많았다. 하지만 점차 프랑스 상류층 개인 저택과 대학교, 박 물관 등으로 건축의 범위가 확대되었다. 그래서 하노이를 지나다 보면 높은 아치형태의 창문 모양, 발코니, 완벽한 대칭형의 주택 등 프랑스에서나 볼 수 있는 많은 건축들을 접할 수 있다. 그래서 인지 최근에는 베트남뿐만 아니라 전 세계적으로 하노이 전체의 건축 유산을 보존하려는 필요성도 제기되고 있다고 한다. 하노이 는 베트남의 정치, 외교, 문화 중심지이기도 하지만, 역사적 아픔 을 간직한 채 '보존의 가치가 있는 것을 지키내려는 정신'을 가진 역사의 장소이기도 하다.

프렌치 라이프스타일 호텔, 소피텔

소피텔SOFITEL은 프랑스 최고급 호텔 브랜드이자 프랑스 최초 글 로벌 호텔 체인이다. '프렌치 라이프스타일Live The French Way!'을 표 방하는 이 호텔은 파리, 런던, 뉴욕, 시드니와 같은 유명 대도시 외에도 모로코, 이집트, 프랑스, 폴리네시아 등 세계 40여 개국 에 120개 이상의 호텔을 가지고 있다. 특히 동남아시아 휴양지에 서는 프렌치 스타일과 현지 문화의 퓨전Fusion을 이루고 있어 어

소피텔 앙코르의 트로피칼 가든과 호수

느 곳을 가나 한층 고급스러운 현지 문화를 제공한다. 특히 '소피텔 레전드 Sofitel Legend'는 전 세계에 5개밖에 없다. 역사적으로 보존 가치가 있고 전통유산의 다양한 이야기가 있는 현지의 보석 같은 곳들을 '레전드'의 이름으로 운영하고 있다. 현지의 헤리티지 Heritage와 프랑스의 럭셔리하고 현대적 감각이 만나는 곳이 '소피텔 레전드' 라인의 호텔이다. 예를 들면 암스테르담 The Grand Amsterdam, 시안 Peoples Grand Hotel Xian, 아스완 Old Cataract Aswan, 산타클라라 Cartagena Santa Clara, 하노이 Metropole Hanoi 등이 있는데, 이 중 소피텔 레전드 메트로폴 하노이는 유네스코 보존지로 선정되어 있는 곳이다. 베트남 속에 녹아 있는 프랑스의 역사를 담아냄과 동시에 베트남 하노이만이 가지고 있는 그들만의 이야기를 가미해 많은 것들을 보존하고 기억하고자 노력하는 곳이다.

라오스 루앙프라방의 소피텔 또한 그렇다. 라오스에 파견된 총독 Governor이 거주했던 사택을 보존하여 이곳에 루앙프라방 최고의 휴식처를 만들어 냈다. 루앙프라방만이 갖는 자연과 전통의 맛을 한껏 즐기면서 휴양으로서 놓칠 수 없는 최고의 안락함을 제공하는 곳이다. 반면, 소피텔 앙코르 Sofitel Angkor Phokeethra 골프 앤드 스파 리조트 호텔은 5성급 호텔이다. 트로피칼 가든과 호수, 현지 허브를 직접 키워 내는 '셰프의 가든' 등 캄보디아의 정취를 느끼면서 록시땅 L'Occitane 스파 등 프렌치 스타일의 감각도 접할 수 있는 곳이다. 특히 이곳의 실내는 '티크' 나무로 만들어져 시

간이 흐를수록 더욱 고풍스럽고 우아해진 모습에 감탄하며 1900
년대 초 대저택에 와 있는 느낌을 받는다.

소피텔에서 제공되는 시그니처 커피는 모두 프렌치 프레스
French Press 로 제공된다. 베트남 커피조차도 특별히 요청을 하지 않
으면 그들의 방식인 커피핀Coffee FIN 이 아닌 프렌치 프레스에 커
피를 담아 준다. 프렌치 프레스로 걸러 먹을 경우 커피는 에스프
레소용이나 베트남 커피핀용보다 굵게 분쇄된 것이다. 에스프레
소용 커피처럼 분말이 너무 고우면 프렌치 프레스의 금속망으로

▶ 베트남 하노이 메트로폴 소피텔의 프렌치 프레스(좌), 캄보디아 씨엠립 소피텔 앙코르의
  프렌치 프레스(우)

세어 나온 커피가루로 인해 커피가 탁해진다. 그래서 프렌치 프
레스로 마시는 커피는 보다 맑고 커피의 다양한 맛을 섬세하게
즐길 수 있다.

소피텔에서 제공되는 바게트와 크루아상은 프랑스에서 체험
하는 맛과 거의 유사하다고 볼 수 있다. 버터 맛이 진한 듯하면서
느끼하지 않고 빵 반죽들을 아주 얇게 편 종이같이 켜켜이 포개
놓았지만 그 사이의 공간이 살아 있는 크루아상은 소피텔의 시그
니처이다. 프렌치 프레스로 내려진 현지 커피와 크루아상, 본마
망Bon maman 딸기잼으로도 아침 식사가 충분하다.

하지만 인도차이나 3국에 있는 세 호텔하노이 메트로폴 소피텔 레전드, 소
피텔 루앙프라방, 소피텔 앙코르에서의 특징 중 하나는 아침에 즐길 수 있
는 현지식 국수 코너이다. 스트리트 푸드인 현지 국수를 고급스
럽고 다양하게 맛볼 수 있다. 두 가지 이상의 육수와 서너 가지의
국수 종류, 다양한 고명과 소스들이 준비되어 있어 취향에 따라
만들어 먹을 수 있다. 인도차이나 3국 여행은 아침마다 두 가지의
국수를 먹고 크루아상과 커피도 먹느라 소화시킬 시간도 없었던
'가스트로미 여행'이었다.

또한 오랜 전통과 명성으로 전 세계 셀럽Celebrity들의 방문도 끊
이지 않는 곳이 인도차이나 3국의 '소피텔'들이다. 그들의 방문
히스토리도 하나의 이야기를 만들기 위해 전시/홍보해 놓았다.

▶ 소피텔 조식뷔페 베이커리 코너

▶ 호텔 국수 코너와 양념들

하나라도 놓치지 않고 기록하고 차곡차곡 쌓아 가며 이야기를 그리고 그것을 역사로 만드는 프랑스인들의 자질이 다시 한번 드러난다.

프랑스에 간 앙코르와트

많은 사람들은 앙코르와트를 발견한 사람으로 프랑스 선교사 '앙리 무오Henri Mouhot'를 얘기한다. 하지만 정확하게 표현하자면 앙리 무오는 앙코르와트를 발견한 사람이 아니다. 앙리 무오는 그의 '무오의 여행기'를 통해 앙코르와트의 존재를 세상에 크게 알린 사람이다. '솔로몬 신전에 버금가고, 미켈란젤로가 세웠을 법한 우리의 가장 아름다운 건물에 비견될 만한 곳……. 이 나라가 처해 있는 야만적인 상태와 슬픈 대조를 이룬다'는 글과 함께 삽화를 곁들여 앙코르와트를 대중에게 소개했다. 무오는 앙코르를 방문한 최초의 인물은 아니었지만, 앙코르에 관한 아름다운 문장과 흥미로운 삽화를 통해 마케팅을 한 최초의 인물이라 할 수 있다.

'고고·인류학'이라고 하면 으레 '영국'을 떠올리게 된다. 헨리 존스 박사가 이집트 피라미드 유적을 탐험하는 영화 〈인디아나

▶ 앙리 무오　　　　　　　　　▶ 무오의 삽화, 앙코르 계단

존스)의 영향인 듯하다. 서양 열강의 제국 식민주의 시대는 '고고학'이라는 학문이 크게 발달한 시기이다. 국가가 형성되는 시기에는 '법학'이, 번성하는 시기에는 '경제학'이, 번영을 넘어 제국이 되는 시기에는 '고고학' 혹은 '인류학'이 발달한다고 했다. 정복과 함께 지속적이고 안정적인 통치를 위해서는 사람과 문화에 대한 이해가 필요하기 때문일 것이다. 사실 영국 못지않게 프랑스도 '고고학'이 매우 발달한 나라다. 특히 19세기 중반부터 20세기 중반까지 약 100년간, '프랑스령 인도차이나'에서는 고고학 연구가 활발히 이루어졌다. 프랑스 최대의 아시아 미술 컬렉션들을 보유한 박물관, '기메 미술관^{Guimet Museum}'이 별도로 있는 것을

보아도 아시아에 대한 고고학 연구가 얼마나 활성화되었었는지 알 수 있다. 이 미술관 1층 전시실에 있는 캄보디아의 앙코르 유적에서 출토된 크메르 조각상은 기메 미술관을 대표하는 작품 얼굴이기도 하다.

프랑스는 1907년부터 '앙코르' 복구사업 및 앙코르 역사에 대한 연구를 본격화한다. 더구나 앙코르 지역은 17세기 말 이후 시암^{지금의 '태국'}의 영토였으나, 1907년 3월 23일 프랑스-시암 조약에 따라 캄보디아의 영토로 회복된다. 앙코르와트가 있는 도시, '씨엠립^{Siem Reap}'은 '씨엠^{Siam, 태국}을 물리친'이라는 뜻이다. 프랑스는 '크메르의 유산을 크메르에게 돌려준다'는 명분과 함께 앙코르 지역을 캄보디아로 회복시켜 앙코르와트와 인도차이나라는 조합을 완성시켰다. 그리고 앙코르와트는 1931년 파리에서 개최된 '국제 식민지박람회^{Exposition Colonial de Paris}'에서 인도차이나를 대표하는 건축물로 재현된다.

프랑스는 인도차이나를 지배하는 그들 권력의 거대함을 상징적으로 과시하고자 했고, 이를 계기로 앙코르는 물론 인도차이나에 대한 서양인들의 관심을 이끄는 계기를 마련하게 되었다.

앙코르 유적은 프랑스인 고고학자들이 20세기 중반까지 거의 독점적으로 조사했다. 1953년 캄보디아가 프랑스에서 독립한 뒤

▶ 1931년 파리 '국제식민지 박람회'에서 재현된 앙코르와트 레플리카(Replica)

에도 계속 복구사업에 참여하며, 많은 유럽인들에게 알리는 기회를 제공하는 역할을 했다. 반면, 1941년, 프랑스령 인도차이나를 침략한 일본도 그때부터 앙코르 유적 개발의 중요한 역할을 하게 되었다. 1992년 세계 문화유산 보존을 위한 유네스코 일본 신탁 기금 프로젝트로 일본 정부 팀도 구성했다. 현재까지도 앙코르 유적의 보존과 복원 활동을 위해 매년 60명이 넘는 전문가 팀을 파견한다. 우리가 자세히 모르는 일본의 잠재된 강한 모습이다.

결론적으로 프랑스가 앙코르 유적을 재발견하고 학술조사를 통해 앙코르에 대한 고고학의 기초를 마련하고 전 세계에 알리는 역할을 한 것이다. 이러한 프랑스의 공헌이 없었다면 앙코르 유적은 1992년 범세계적 가치를 지닌 유산으로 유네스코에 등록되는 일도, 지금과 같이 전 세계인들의 관심을 받고 캄보디아의 상징물이 되지 못했을 거 같다.

여행 속으로, 호기심을 채우다

Chapter 4

▼
▼

라오스
루앙프라방

'큰 황금불상'이라는
뜻의 도시,
루앙프라방

인도차이나 3국 여행을 되돌아보니, 라오스 루앙프라방은 베트남 하노이에서 본 복잡한 거리와 매연 뿜는 차량, 오토바이들은 물론 그것들의 경적 하나 없었던 것 같다. 또한 캄보디아 상인들처럼 물건 사라고 보채는 사람들도 없었다. 정말 여행자를 피로하게 하는 요소가 거의 하나도 없는 평화로운 곳이었다.

고대 라오스 왕국의 고풍스러움과 프랑스 식민지 시절의 우아함, 특유의 자연경관이 어우러진 작은 도시, 루앙프라방은 비교적 저렴한 물가로 인해 오래전부터 많은 유럽 관광객들에게 인기가 좋았던 곳이다. 골목골목의 저렴한 게스트하우스들과 유럽풍의 카페, 베이커리, 그들의 전통음식을 프랑스식으로 재해석해서 제공하는 파인 다이닝까지 있어 유럽인들 중에는 1주일에서 한 달 이상 체류하는 사람들도 많다. 경제적 부담을 덜 느끼며 상대적으로 여행을 통해 많은 영감을 추구하거나 평화로운 곳에서

치유를 원하는 사람들에게는 루앙프라방만 한 곳이 없어 보인다. 2008년 『뉴욕타임스』에 루앙프라방이 '죽기 전에 가 봐야 할 도시 1위'로 선정되면서, '오염되지 않은 순수함이 가득한' 이 도시는 많은 이들의 버킷리스트에 올랐다. 최근에는 관광객의 급증으로 물가는 더 이상 저렴해 보이지는 않았지만, 아직도 가치 있는 많은 것들을 지니고 있는 아름다운 도시이다.

루앙프라방은 라오스 최초의 통일왕국이었던 란쌍Lan Xang, '백만 마리의 코끼리'라는 뜻 왕조가 14세기 초에 세운 수도였다. 그 후에도 라오스에 들어선 여러 왕국의 수도이자 종교 및 상업 중심지로 번성했었다. 그리고 1975년 왕정이 폐지될 때까지 라오스 왕이 머물렀던 곳이라 이국적인 사원들과 역사적 유물들이 가득하다. '루앙프라방'은 '큰루앙 황금불상프라방'이라는 뜻이다. 과거 왕궁이었다가 현재는 국립박물관인 그곳에 루앙프라방의 명물인 황금불상이 소장되어 있다. 이 불상은 처음 '실론지금의 '스리랑카''에서 만들어져 11세기에 라오스로 들여와 보물로 숭배되어 왔는데, 도시 이름이 이 불상에서 연유한 것이다.

1995년 구시가지 전체가 유네스코 세계유산으로 지정된 루앙프라방은 '금의 도시City of Gold', 신비로운 도시Magical City'라는 애칭이 있다. 그래서 이름에 어울리게 단아하면서도 정갈한 모습의 금색단장 사원들이 거리에 가득하다. 거리의 사원들은 우리나라에서 평소에 접하던 사원들과는 많이 다르다. 사람이 다니는 인

▶ 라오스 루앙프라방의 사원들

도^道와 바로 닿아 있는 정문으로 들어가면 곧바로 사원 마당에 이른다. 그리고 몇 발자국만 걸으면 불당이 있고 그 안에 불상들이 즐비하다. 깊은 산속이나 사원 정문을 들어서고도 한참 걸어 불당에 닿는 거대한 우리나라 사원^들들과는 다르다. 그래서 매우 친근하다. 그리고 10여 미터마다 사원들이 즐비해서 다양한 모습의 사원과 불상들을 찬찬히 들여다볼 수 있다. 하루키가 쓴 여행 에세이 『라오스에 대체 뭐가 있는데요?』에 적힌 것과 같이, 천천히 여유 있게 들여다보아야 보인다. '뭐가 다르고 무슨 의미를 주는지.' 우리가 살아온 세상은 무엇인가를 찬찬히 들여다볼 여유와 풍광이 없었다. 하지만 루앙프라방의 사원들은 들여다보고 즐겨 보는 데 심적인 그리고 시간적인 부담이 없다. 종교가 갖는 무게와 권위도 없다. 그냥 길 가다 기도하고 싶거나 위로받고 싶으면 들어가 기도하면 된다. '종교의 생활화'가 이런 것이 아닌가 싶다.

루앙프라방의 밤은 거리의 불빛보다 별빛과 달빛이 더 밝다. 그러한 진흙 같은 어둠 속, 사원 곳곳에서 동자승들이 무언가를 암송^{暗誦}하는 소리가 들려온다. 마치 서당에서 천자문을 낭송하는 아이들의 목소리 같다. 무슨 말인지는 알아들을 수 없었지만, 아마도 불경을 외우며 생각을 다듬고 이를 몸으로 체화하는 공부가 아닐까 생각했다. 좋은 말을 수없이 반복하며 새기다 보면 자연

▶ 출가한 동자승의 불경을 암송하는 모습

스레 언행의 바탕이 되는 것이니까.

메콩강과 칸강이 합류하는 지점에 위치한 '왓 씨엥 통^{Wat Xieng} Thong'은 이 도시에서 가장 화려하고 매력적인 사원이다. 1560년에 건립되었으며 색유리와 금으로 장식되어 있고 전통적인 라오스 건축기법의 걸작이다. 즐비한 사원 중 가장 눈에 띄고 의미가있어 다른 곳보다 좀 더 시간을 보내게 된다.

이러한 사원들 옆으로 흐르는 강물을 따라 거닐다 보면 유럽같은 분위기들이 가득하다. 게스트하우스, 각종 카페와 베이커리,

파인 다이닝 등은 여행 속에서 삶의 여유를 즐길 수 있음을 느끼게 해 준다. 자전거를 타고 혹은 가벼운 산책을 하며 거닐기에 안성맞춤이다. 하루 이틀 삼일 동안 같은 곳을 반복하여 걷고 자전거를 타고 지나도 그 느낌들이 매번 다를 만큼 조용하면서도 심심하지 않은 곳이다. 이러한 분위기 외에도 루앙프라방을 처음 방문한 이들이 놀라는 것 중 하나가 '커피'와 '맥주'의 맛이다. 나는 여기에 '국수'의 별미도 추가하고 싶다.

라오스의
커피, 누들, 비어

100년의 역사를 가진 라오커피

풍미가 좋은 라오스의 아라비카 원두와 로부스타 원두는 우리나라에서도 최근 활발하게 수입하고 있다. 특히 최근에 라오커피는 유기농 방식의 아라비카 원두 생산이 많아져 세계적으로 인기가 높다. 라오커피는 주로 라오스 남부에서 생산된다. 라오스 남부에는 대규모의 산악평지인 볼라벤고원Bolaven Plateau이 있는데, 화산토가 비옥하고 연중 강수량이 풍부하여 천혜의 커피 재배조건을 지닌 곳이라고 한다. 라오스의 커피 재배는 베트남과 같이, 프랑스 식민 시절인 1920년대부터 시작되었으며 거의 100년의 역사를 가지고 있다. 현재 커피는 라오스에서 주요한 수출 품목이 되었다. 라오스도 베트남과 같이 고품종인 아라비카보다는 로부스타의 생산 비중이 더 높긴 하다. 하지만 라오스에서 생산되는 아

▶ 루앙프라방의 유럽식 카페

라비카 품종은 중간 정도의 바디감에 초콜리티함과 과일향이 좋은 것으로 유명하다. 더구나 특별한 산미^{Acidity}를 필요로 하지 않는 아시아의 커피 소비자에게는 편한 맛으로 브랜딩 커피의 베이스로 라오커피의 수요가 늘고 있다. 그래서 최근에는 세계 유수의 글로벌 농업기업은 물론 한국의 유명 베이커리 업체 등이 라오스 커피 수입을 확대하고 있다.

라오커피에 대한 기대를 안고 라오스를 방문한 것을 알았던 것인지, 호텔에서의 웰컴리튜얼$^{welcome-ritual}$도 커피를 이용한 것이었다. 체크인을 한 다음 방으로 들어간 후, 얼마 안 되어 남녀 두 명이 와서 커피를 섞은 크림으로 발마사지를 해 주었다. 따스한 물에 잠시 담근 발을 좁쌀 같은 커피가루가 듬뿍 담긴 크림으로 마사지하였다. 커피 향은 기대만큼 강하지 않았지만, 스크럽 효과는 강해 보였다. 이후 루앙프라방 시내를 돌아다니다 보니, 커피 크림 마사지도 많이 제공되고 있었다.

샤프론(Saffron) 유기농 커피 농장 투어

루앙프라방 여행 첫날, 커피 투어 일정으로 새벽 6시에 기상을 했다. 조식 뷔페를 먹기 위해 6시 30분경에 식당에 갔으나 아직 오픈 준비가 덜 된 듯했다. 아니나 다를까 '라오스 국수'를 별도로

주문했는데, 나오는 데까지 30여 분이 더 걸렸다. 하지만 당황하지 않았다. 화내지도 않고 서두르지도 않았다. 주어진 그대로 '느림의 미학'을 즐기기로 했다. 두 잔의 라오 로컬 커피Lao Local Coffee를 마시며 천천히 기다렸다. 7시 30분에 예약된 '툭툭*'도 예약시간이 지나서야 도착했다. 모든 게 정시定時에 이루어지지 않는 느린 환경이었지만, 전혀 개의치 않는 여유로움을 갖는 여행이었다.

8시경 커피 농장 투어 장소인 라오스 시내의 '샤프론 카페'에 도착했다. 농장 투어를 기다리는 사람들에게 무료로 주는 유기농 카페라테를 한 잔씩 받아 들고 '툭툭' 형태의 자가용에 올라탔다. 이곳 택시나 자가용은 트럭과 유사하다. 승객은 트럭 짐칸에 앉는다. 싱가포르에 가서 보고 놀란 광경 중 하나가 트럭 짐칸에 많은 사람들이 타고 이동한다는 것이었다. 주로 외국인 건설노동자인 경우가 많긴 하지만, 트럭 짐칸에 10여 명이 타고 움직이는 모습은 처음에는 많이 낯설었다. 그런데 이곳에서는 택시 승객의 자리가 트럭 뒤편 짐칸이다. 30여 분을 짐칸에 앉아 라오스의 시골 풍경을 보며 커피 농장으로 향했다. 커피 농장까지 가는 도로 포장은 원만하지 않았다. 곳곳의 웅덩이나 공사 중인 곳을 피하느라 차는 좌우로 심하게 방향을 바꾸기도 하고, 덜컹거리기도

---

* 현지식 택시.

▶ 라오스 루앙프라방의 현지식 택시

했다. 시골의 비포장도로를 트럭으로 달려 보는 느낌도 새로웠
다. 아주 어린 시절 한국의 도로 포장도 원만하지 않아 차만 타면
멀미를 자주 했던 기억이 떠올랐다. 지금 여기의 도로 사정이 그
때와 비슷해 보였다.

커피 농장에 도착하니 기대한 것과 같이 커피나무가 울창하거
나 로스트 공장이 거대하거나 그렇지는 않았다. 농장식으로 재배
되는 커피나무가 있는 곳은 별도로 있고 이곳은 커피 묘목과 일
부 나무들, 그리고 이러한 것들이 어떤 과정으로 로스팅까지 마
치고 포장되는지 보여 주는 곳이었다. 커피 투어의 순서를 다 마
치고 나서야 작지만 알차게 모든 것을 보여 주고 설명해 주는 커

▶ 샤프론 커피농장의 커피나무/커피콩(beans)

피 농장임을 알게 됐다.

미국인인 샤프론 커피 농장 주인은 처음에는 양계장을 했었다고 한다. 조류인플루엔자로 인해 사업을 실패한 후, 커피 재배로 사업 종목을 변경했다. 그때 그의 경영철학은 지역사회에 이바지하고 고품질의 유기농 아라비카 커피를 생산하는 지속 가능한Sustainable 사회적 기업을 운영하는 것이었다. 실제로 루앙프라방의 800여 가구가 이 농장에서 일을 하면서 소득을 증대하고 있고, 기업의 이익은 라오스 사람들을 위해 재투자된다고 한다. 3년 이상 화학비료를 사용하지 않은 토지를 소유한 농부들만 선정하여 커피 묘목을 키우도록 하고 이를 공정한 가격으로 매입한다. 농장에서는 현지인들이 키워 낸 커피 묘목들을 매입하여 다시 심는 작업과 각종의 프로세스를 담당한다. 이곳의 커피를 구매하기 위해 일본에서도 바이어들이 직접 농장을 방문한다고 한다. 아직 한국과는 거래가 없다고 하니 한국에서는 맛보기 힘든 커피이다. 역시나 일본이 '스페셜티 커피'로도 앞서가고 있음을 재확인하는 시간이었다.

우리는 현지인들이 키워 내는 커피(콩)나무들과 커피콩 (단계별)샘플들을 육안으로 관찰하며 투어를 시작했다. 투어 중 일하는 엄마를 따라온 어린아이의 모습이 눈에 들어왔다. 이 아이는 지푸라기 더미 속에서 편안히 누워 나무로 만들어진 자동차를 가지고 여유롭게 놀고 있었다. 아이들을 위한 어린이집이 별도로

▶ 샤프론 커피농장에서 일하는 엄마를 따라온 아이에게 제공된 천연 자연의 놀이터(?)

필요하지 않아 보였다. 이런 지푸라기와 들판이 그 아이들의 놀이터가 되어 있었다.

단계별 커피콩의 모습들이 색달라 보였다. 다양한 커피콩들은 일일이 손으로 골라내어 '건조단계Drying Process'에 들어간다. 건조 작업을 마친 후에는 로스팅 작업을 한다. 실내로 들어서니 로스팅 작업으로 인해 커피 향이 가득했다. 아직까지도 커피를 무척이나 좋아하는 나에게는 커피 향은 언제나 나의 심신을 편안히 해 준다. 이는 마치 여유의 상징과도 같다. 커피 향을 즐길 수 있다는 것은 여유가 있음을 뜻하기 때문이다. 그래서 언제 어디서나 커피 향을 맡을 때는 행복했다. 커피 농장에서 직접 키워 낸 커피콩을 볶는 거라 더 신선하게 느껴졌다. 실내 테이블에는 세 가지 종류의 커피콩들이 준비되어 있었다. 각각의 커피콩의 모양을 살핀 후 향aroma을 맡아 보았다. 그리고 전자저울로 각각의 커피콩을 8g씩 계량한 후, 커피분쇄기로 갈아 세 개의 드리퍼Dripper에 나누어 붓고 95도 정도의 물로 핸드 드립 했다. 분쇄될 때의 커피 향과 드립 되는 과정에서의 커피 향은 또 한 번의 행복감에 젖어 들게 했다.

샤프론에서 생산되는 커피콩Beans들은 유기농으로 재배되었다. 쉐이드그로운Shade-grown: 응달에서 기른 커피들을 손으로 재배하고 일일이 손으로 골라낸다. 이때 여느 커피콩들과 달리 커피콩이 두

▸ 드립하는 모습

개로 쪼개지지 않은 하나의 통으로 된 커피콩을 '피버리Peaberry' 커피라고 한다. 일반 커피콩보다는 작은 크기로 카페인 함량이 더 높고 귀해서 가격도 비싼 편이다. 반면, 샤프란 커피 농장에는 '캐스카라 티Cascara Tea'가 있는데, 이는 커피콩 껍데기를 말려서 만든 차로 맛도 우수하지만 음식물쓰레기를 감량하는 부수적인 효과도 있다고 한다.

세 개의 커피 중 '피버리'가 가장 맛도 진하고 풍부했다. 처음 맛보는 캐스카라 티는 커피인 듯 차인 듯한 느낌의 커피로 텁텁한 입안을 깨끗하게 씻어 주는 듯했다. 각각의 커피 맛을 비교하며 준비된 캐롯 케이크를 맛보며 서서히 커피 투어를 마칠 준비를 했다.

세계일주 중인 미국인 가족과의 만남

커피 농장 투어를 하는 동안 '남과 차별화된 사고'를 추구하는 미국인 가족을 만났다. 중3, 초6의 두 딸을 데리고 9개월간 세계일주 중인 캘리포니아에서 온 그들과의 만남은 라오스 루앙프라방에 딱 어울리는 우연이라 생각됐다. '글루텐프리Gluten Free'만을 고집하며, 커피를 마시지 않음에도 불구하고 우리가 먹는 음식이

어떠한 과정으로 만들어지는지를 알고 싶어 커피 농장 투어를 한다는 미국인 엄마. 20년 이상 실리콘밸리에서 마케터이자 광고인으로 근무했는데, 이제는 더 이상 영감을 받지 못해 1년간의 세계여행을 다니기로 했다는 아빠. 온라인을 통한 강의와 과제 수행 _{현지에서의 봉사활동 일지는 물론 각종 에세이를 이메일로 전송하며 필수 학점 이수}으로 학교수업을 대신하고 있는 두 딸들. 이제는 '남과 차별화된 사고와 행동'이 필요한 세상이 되었다며 아이들을 위해 '1년 세계여행'을 계획했다고 했다. 그들의 그러한 용기와 가치관에서 '가장 모범이적이면서 중추적인 역할을 했던_{과거 부터웠던, 지금까지 미국사회를 지탱해온} 중산층'들의 모습을 엿볼 수 있었다. 그들은 우리에게 '지금의 미국 대통령인 트럼프를 어떻게 생각하냐'며 이것저것을 물었다. 그러고는 그들이 장기여행을 하게 된 이유 중 하나도 그런 나라를 잠시 피해 있고 싶었기 때문이라고 했다. 우리도 '너무 즉흥적이고……' 등으로 맞장구쳐 주며 대화를 이어 나갔다.

이번 여행이 끝나면 지금껏 살아온 캘리포니아를 떠나 동부로 간다고 했다. 아이들에게 '추운 날씨와 눈'이 뭔지 보여 주고 싶다고 했다. 이 또한 다양하고 새로움을 추구하는 그들의 교육 철학을 엿볼 수 있었다. 여행 후 보딩 스쿨로 간다는 큰딸은 '싱가포르'에서 온 우리에게 많은 관심을 보였다. 서쪽에서 동쪽으로 돌고 있는 여행이라 라오스 이후 다음 여행지로 싱가포르를 가고 싶어 했다. 이들에게는 다음 여행지가 정해지지 않았나 보다. 특별한 목적지 없이 발 닿는 곳마다 체류와 체류일정을 결정하는 듯했다. 어떤 곳에서는 현지인을 돕는 봉사활동을 하느라 10여 일 이상 머문 적도 있다고 한다. 직접 세계 여러 나라를 보고 경험하며 함께 나누는 정신을 가르치는 그들 부모가 부러웠다. 나도 20년 이상 마케터로 일하고 이제는 쉰다고 하니 '너는 그럴 자격이 있어 You deserve it'라고 격려해 준 말이 아직도 귀에 맴돈다. 그 말을 듣는 순간 갑자기 눈물이 핑 돌았다. 나 스스로도 그런 말을 제대로 해 주지 못했었는데, 이상理想적인 삶을 살아가는 그들에게 그 말을 들어서 너무 고맙고 감격했던 것 같다.

라오스 루앙프라방에서 커피 투어를 해야 할 이유가 명확해졌다. 나 같은 커피 애호가는 당연히 해야 할 코스였다. 커피 애호가가 아니더라도 커피 묘목의 성장부터 소비에 이르는 모든 과정을 보고 이해하는 기회를 갖는다는 것은 그럴 만한 가치가 있다. 또한 갓 볶은 최상의 커피를 커피 농장에서 경험하기란 쉽지 않다. 샤프론 커피 농장의 커피 투어를 통해서는 유기농 커피를 먹어야 하는 이유와 공정무역이 주는 의미도 명확히 이해할 수 있었다. 더불어 시내에서 농장까지 오가는 트럭 속에서 우연히 만난 이들과의 시간도 좋았다. 투어의 본질인 '커피맛'의 중요성도 알 수 있었다. 또한 우리가 먹고 마시는 것이 어떻게 생산되는지의 '과정'도 중시하며 '함께하는 삶을 귀하게 여기는 마음'이 있는 사람들과 오가며 한 대화는 잊히지 않을 것 같다.

투어를 마치면서 라오스 루앙프라방의 또 한 번의 '느림의 미학'을 느꼈다. 커피 투어를 다 마친 후 다시 '샤프론 카페'로 돌아왔는데 어느 누구도 투어 대금을 내라는 말이 없었다. 한국 같으면 처음 만나자마자 투어 예정자인지 확인하고 돈부터 받았을 텐데…… 투어가 다 끝나고 안내자와 감사의 마무리 인사까지 마친 후에도 투어비 정산이 되지 않았다. 우리가 오히려 어디에 비용을 지불하는지 물었다. 누구도 지불을 강요하지도 않고, 어느 누구도 수금受金을 서두르지 않았다. 그러한 상황이 주는 황당함이 있긴 했으나 왠지 따뜻한 미소가 절로 나오게 하는 광경이었다.

라오스에서 메콩강이란?

중국 티베트에서 시작되는 메콩강은 미얀마, 태국, 라오스, 캄보디아, 베트남을 거쳐 남중국해로 흐른다. 자연스럽게 메콩강은 라오스와 태국의 국경분할 역할도 한다. 라오스 영토 내의 지류는 주위에 높은 산들이 많아서 침식 하천이라 강물이 맑지 않다. 수심이 깊고 유속도 빨라 강물이 매우 탁하다. 라오스의 맑은 날에도 이곳 메콩강은 비가 심하게 온 뒤 보는 한강漢江의 흙탕물 수준이다. 이런 흙탕물에도 한때는 라오스 메콩강 토착종인 메콩 대메기가 많이 잡혔었다고 한다. 라오스 왕실에 헌납되기도 했던

메콩 대메기는 이제는 거의 멸종된 상태이다. 하지만 아직도 많은 물고기들이 잡혀 매일매일 모닝마켓에 나온다. 새벽시장에서 본 크고 못생기고 이상한 생선이 이 메콩강에서 잡힌 듯 보였다. 라오스는 '바다가 없는 동남아시아 유일의 나라'인 만큼 메콩강의 존재가 더 큰 듯했다. 바다가 없어도 다양하고 풍부한 생선류 공급이 원활하다. 원활하다 못해 풍성해서 물고기로 저장식품을 만들어 먹는다. '액젓'이 그것이다. 라오스에서의 음식이 맛있고 입에 딱 맞는 이유는 이 '액젓' 때문이라 생각된다. 반면, 라오스의 메콩강은 해상을 통한 이동을 가능하게 해 준다. 라오스의 중요한 교통수단이 되는 것이다.

폭이 넓고 유속도 빨라 맑지는 않지만 메콩강은 루앙프라방의 정취를 한층 업그레이드시켜 준다. 강변을 따라 유럽식 카페와 게스트하우스, 호텔, 베이커리 등이 즐비하다. 강변을 끼고 루앙프라방을 1시간여 동안 자전거로 산책도 가능하다.

많은 카페들이 이 정취를 놓치지 않는다. 많은 카페들과 식당들이 강변을 바라보도록 자리들을 마련해 놓았다. 실내에서 마시는 것보다는 메콩강을 바라보며 마시는 라오커피의 맛이 더 좋을 듯했다. 족히 10여 명이 넘게 탈 수 있는 목선木船이지만 1~2명의 손님만 태우고도 선장은 메콩강 유람을 허락한다. 함께한 사람과 특별한 대화 없이도 흐르는 강물만을 보면서 시간을 보낼 수 있다.

라오스 루앙프라방에서는 시간을 계산하면 안 될 듯했다. 시간에 구애받지 않고 자유롭게 흘려보내야만 여행이, 그리고 체류가 가능한 곳이기 때문이다.

루앙프라방을 떠나는 마지막 날 오후, 우린 호텔 체크아웃을 마친 후 짐을 맡기고는 다시 자전거를 타고 '샤프론 카페'로 달렸다. 당근 케이크와 라오 아이스커피를 시킨 후 메콩강변 바로 옆에 마련된 야외에 자리 잡았다. 그곳에는 이미 혼자서 책을 보는 유럽인들, 강변을 바라보고 앉아 여유롭게 대화를 나누는 연인들, 모두가 한가하고 여유로워 보였다. 우리도 루앙프라방에서 얼마 남지 않은 시간을 아쉬워하며 메콩강의 빠른 유속과 낡은 배를 타고 크루즈 하는 사람들을 바라보며 여행 마무리를 했다.

호텔 국수들

여행 콘셉트가 '커피, 누들, 비어'이다 보니, 여행 내내 하루도 거르지 않고 호텔 조식에서 '국수'를 먹었다. 인노자이나 3국, 즉 베트남, 라오스, 캄보디아의 소피텔 호텔 조식뷔페에서는 항상 현지식 국수가 제공된다. 그래서 우리는 호텔에서 제공되는 각종의 국수를 먹고 난 후, 커피와 기타 서양식, 그리고 과일을 챙겨 먹었다. 국수가 있는 여행이라서 그런지 10여 일간의 여행이 유럽

▶ 라오스 루앙프라방 소피텔에서
  제공되는 국수들

이나 미국 여행에 비해 힘들지 않았다. 나이가 들면서 어느 날부터인가 긴 여행 중 하루는 '컵라면'이라도 먹으며 국물과 매콤한 맛을 섭취해야 속이 편해졌다. 그래서 '국물이 있는 국수'가 있었던 이 여행이 더 좋았다. 그리고 시중에서 파는 국수의 맛과 종류 등을 비교하기 위해 우리는 호텔에서 제공되는 각종 국수 등을 '표준의 맛'으로 기억하며 아침마다 매일매일 챙겨 먹고 그날 여행을 시작했다.

루앙프라방 소피텔에서 제공되는 국수는 두 가지였다. 누들 스프^{Noodle Soup}와 카오 소이^{Khao Soi}. 맑은 국물에 신선한 향채가 가득한 누들 스프와 달리 카오 소이는 된장 다대기^{사실 된장은 아님} 같은 양념이 국수 위에 올라가 있어 이를 풀어서 먹는다. 다대기가 풀리면 얼큰하고 진한 국물 맛을 내는 국수가 된다. 우리는 단순하게 누들 스프라고 표시되어 있는 국수의 현지 명칭을 몇 번이나 물었으나, 그것이 카오 삐악^{Khao Piak}인지, 베트남식 쌀국수인 '포^{Pho}'인지 정확히 설명해 주는 호텔 직원들이 없었다. 하다못해 매니저를 불러 문의했는데도 정확한 답변을 듣지 못했다. 생긴 것과 맛은 베트남 쌀국수 '포'와 유사했지만, 국물 맛과 향신채로 인해 맛이 확연히 다름을 알 수 있었다.

루앙프라방의 시그니처 국수,
포왓센(Pho Wat Sen)의 카오 소이(Khao Soi)

루앙프라방 1일 차, 샤프론 커피 농장 투어를 마치고 시내로 돌아오니 시간이 거의 정오에 가까웠다. 우리가 미리 찾아 놓은 일명 '이름 없는 국수집^{간판도 없고 상호도 없다}'은 오후 1시까지만 영업한다고 해서 서둘러 달려갔다. 간판이 없어 가게 앞에서 서성이며 블로그상의 '사진'과 장소를 비교하며 찾아냈다. 딱 보기에도 현지인들이 많이 이용하는 국수집이었다. 우리는 자리에 앉아 카오 소이^{Khao Soi} 두 그릇을 시켰다. '카오 소이'는 루앙프라방의 시그니처 음식 중 하나이며 돼지고기, 땅콩과 토마토가 섞인 된장같이 생긴 소스를 듬뿍 얹어 먹는 국수이다. 면은 마치 칼국수처럼 납작하고 두툼하다. 호텔에서 먹어 본 '카오 소이' 국수 모양과는 조금 달랐다. 카오^{Khao} 는 '쌀'이라는 뜻이며, 소이^{Soi} 는 '자르다^{Cut}'라는 뜻이다. 즉 카오 소이는 '수제 생쌀국수'라는 뜻이 된다. 아마도 '칼국수 같다'고 생각한 것은 손으로 듬성듬성 썰어 식감이 거칠고 투박한 느낌이 있었기 때문인 거 같다. 우리는 된장같이 생긴 다대기가 올라가 있어 '소이^{Soi}'는 아마도 '콩^{Soy}'일 것이라고 생각했었다. 하지만 '소이^{Soi}'의 뜻은 '자르다'는 의미이고, 된장 같은 다대기는 된장이 아닌 토마토를 갈아 만든 것이었다. 라오스에서도 영어와 같은 발음을 사용하는 줄 알았던 우리의 오

▶ '이름 없는 국수집'의 국물 내는 장면

판이었다. 카오 소이의 국물 맛은 마치 돼지육수로 만든 일본라
면과 베트남쌀국수 '포Pho'를 적당히 섞은 듯했다. 그렇게 맑지도
탁하지도 않으면서 돼지육수처럼 깊고 무거운 맛도 있었다. 거기
에 다대기 같은 양념을 풀어서 먹으면 칼칼하면서 고소한 맛도
더해진다. 양념에는 토마토가 섞여 있어 달짝지근한 맛도 난다.

식탁 위에는 다양한 양념들이 놓여 있었다. 라임, 액젓Fish Source,
후추, 칠리소스, 다진 마늘, Maggi 조미료'미원'같은 조미료, 젓갈 페이

▶ 카오 소이

▶ 국수 양념들

스트 ^{새우젓을 다져 놓은 것}와 하다못해 식초, 설탕까지 다양했다.

　각자 취향과 입맛에 맞게 조미해서 먹어야 한다. 주위를 둘러
보며 현지인들은 어떻게 먹는지 관찰했지만, 그들의 방식을 다
따르기가 겁이 났다. 그래서 그냥 아는 대로 쌀국수 먹듯이 라임
과 칠리소스 약간, 액젓 약간만을 넣어 먹었다. 호텔에서 먹었던
그러한 훌륭한 맛은 아니었지만 그 나름의 중독성이 강한 국수가
될 수 있는 맛이었다. 단지 조금 아쉬운 점은 거의 장사가 끝날
때라서 그런지 육수가 오랜 시간 끓이다 조려진 것 같았다. 조금
은 짠 듯, 걸쭉한 느낌이었다. 아침 일찍 오픈할 때 오면 더 맑고

신선한 맛의 국수를 먹을 수 있지 않을까 하는 생각이 들었다.

카오 소이도 베트남과 비슷하게 다양한 향채들이 같이 제공된다. 국수와는 별도로 한 접시 가득 채워 준다. 라임, 레몬그라스, 바질, 고수, 실란트로^{Cilantro} 라는 고수 잎, 민트, 물냉이^{watercress}, 상추, 완두콩 어린 싹^{pea shoots}, 그 외 이름 모를 야채들이 많았다. 국수에 넣어 먹어도 되고, 주변을 둘러보니 손으로 잘라 액젓 페이스트에 찍어 반찬처럼 먹기도 했다.

라오스의 국수는 이웃 나라인 태국이나 중국, 베트남의 영향을 받긴 했으나, 태국과 달리 코코넛 밀크를 사용하지 않고, 베트남과는 달리 소고기가 아닌 돼지고기와 생선으로 육수를 낸다. 대

▶ 시장에서 파는 다양한 향채들

부분의 라오스 음식은 신선한 채소와 허브로 만들어지기 때문에 전체적으로 지방질이 적은 건강식이다. 새벽마켓을 둘러보면 라오스 음식에서 주요 풍미를 내는 다양한 향채들을 발견할 수 있다. 국수를 팔 때도 향채에 대한 인심도 풍부하다. 한 바구니 가득 주기 때문에 야채만 먹어도 배가 부를 것 같았다.

라오스 국수의 대표주자,
씨엥통(Xiengthong)의 카오 삐악(Khao Piak)

사칼린로路 Sakkaline Road 를 걷다 보면, 한글로 그리고 일본어로 예쁘게 국수를 소개한 푯말이 있는 국수집을 발견할 수 있다.

'씨엥통' 국수집은 일본인과 한국인에게 유명한 곳이다. 이곳에서는 라오스 국수의 대표 주자 중 하나인 '카오 삐악'을 판매한다. '카오 삐악'은 '젖은 쌀rice wet '이란 뜻이다. 카오 소이의 국수와 달리 약간 더 두툼하고 우동면보다는 가늘지만 둥글둥글한 생면의 느낌이다. 쌀가루와 타피오카tapioca 가루로 만들어 쫀득쫀득하고 탄성이 있어 식감이 좋다. 닭 육수로 만들어 국물이 맑고 익숙한 부드러운 맛이다. 마치 한국에서 먹는 닭칼국수의 맛이다. 이곳에서 파는 국수 종류는 카오 삐악 돼지고기, 카오 삐악 계란, 카오 삐악

▶ 카오 삐약과 누룽지

돼지고기와 계란 등 세 가지이다. 계란이 들어간 국수를 주문하면 반숙된 계란이 얹어 나온다. 반숙된 노른자를 터트려 육수와 섞어 먹는 맛도 별미다. 걸쭉한 국물 맛을 좋아하는 나로서는 100점을 주고 싶은 맛이었다. 그 외 식탁 위에 놓인 편마늘 튀김, 모닝글로리^{미나리 같은 야채}, 후추, 라임, 숙주, 생강피클 등 다양한 양념들을 가미해서 먹으면 된다. 국수를 다 먹고 난 후에 남은 육수에 누룽지^{rice crackers}를 넣어 먹는 것도 별미 중 별미가 된다.

퓨전국수,
만다 드 라오스(MANDA de LAOS)의 카오 푼(Khao Poon)

라오스에는 베트남만큼이나 국수 종류가 많다. 카오 소이나 카오 삐악이 라오스의 전통적인 국수라면 이웃 나라의 영향을 받은 듯한 또 다른 국수들이 있다. 태국의 국수들과 유사해 보이는 '카오 푼'과 베트남 쌀국수 '포'와 유사해 보이는 '라오 퍼'다. 카오 푼은 '라오 락사Lao Laksa'라는 별칭이 있다. '락사Laksa'는 코코넛 밀크가 들어간 싱가포르의 시그니처 국수 이름인데, 이와 매우 유사하게 생겨서 '라오 락사'라는 별칭을 얻은 듯했다.

　루앙프라방에는 라오스 전통음식을 프랑스식으로 해석해서 고

▶ '만다 드 라오스'의 카오 푼

급 요리의 반열에 올려놓은 레스토랑이 있다. 바로 '만다 드 라오스Manda de Laos'이다. 이곳에서 만난 카오 푼은 싱가포르 전통음식 락사Laksa와 많이 유사하긴 하나 농도는 조금 낮아 먹기가 더 편하다. 이는 생선 육수에 코코넛 밀크를 넣어 만들었다. 면은 스파게티 면 정도의 굵기에 둥글둥글한데 찰기가 있어 식감이 좋은 편이다.

반면, 라오 스타일의 베트남 쌀국수가 있다. 라오 퍼Lao Feur인 이 국수는 베트남식 '포'와는 달리 소고기가 아닌 돼지고기로 육수를 낸다. 가늘고 편편한 건조된 쌀국수 면을 사용한다는 점은 주로 생면을 사용하는 라오스와 달리 베트남과 더 유사해 보인다.

아시아 맥주의 돔 페리뇽, 비어 라오(Beer Lao)

최근 한국에서도 알게 모르게 동남아시아 맥주가 인기다. 특히 라오스 수도인 비엔티안이나 무앙프라방에 방문했던 한국 여행객들에게 라오스의 맥주인 '비어 라오'는 인기가 많다. 메콩강 주변의 레스토랑에서 차가운 비어 라오를 즐기는 코스는 많은 여행책에서도 소개되고 있다. 우리의 여행이 시작된 이유도 사실 '비어 라오'였다. 얼마나 맛있기에 다들 이러한 칭송을 하는지 궁금했다. 더구나 내수內需로만 소비가 되니 라오스를 벗어나서는 맛보기 힘들어서 직접 가서 즐기고자 했다. 인도차이나 3국 여행을 위한 새로운 이유와 맛을 찾은 것이다.

1973년에 프랑스 투자자와 합작으로 세워진 라오맥주회사 [Lao Brewery Company L.B.C]를 통해 처음 선보인 비어 라오는 '아시아 최고의 맥주Asia's best beer, 『타임매거진』', '아시아 맥주의 돔 페리뇽Dom Perignon of Asian Beers, 『방콕포스트』'이라는 찬사를 얻었다. 벨기에 홉hops과 이스트, 프랑스 몰트malts, 현지 자스민 쌀 등 동서양의 최고의 원료들을 선별하여 독창적으로 배합하여 만들기 때문에 매우 부드럽고 깔끔한 맛으로 유명하다. 2005년부터는 칼스버그 Carleberg와 라오 정부가 합작 생산하고 있을 정도로 글로벌 브랜드 맥주 기업들의 관심과 투자가 많아졌다.

비어 라오에서는 홉의 새콤한 향기를 느낄 수 있다. 탄산의 존재감도 있어 프랑스식 바게트 샌드위치와도 그 맛이 어울렸다. 다른 동남아 맥주들보다 바디감도 있다. 향은 진하고 맛은 부드러운 것이 목 넘김까지 좋다. 예전에 한국 맥주 광고에서 본 '목 넘김이 부드럽다'라는 광고의 의미를 알 수 있었다. '이러한 맛을 표현하고자 했구나' 하는 생각을 하면서 정작 그 맛을 그 광고의 맥주에서는 느끼지 못했으니 '속았다'는 느낌이 들었다. 비어 라오는 탄산이 조금 느껴짐에도 전혀 자극적이지 않다. 쓰지도 않고 쏘지도 않는다. 라오스에서 생산되는 자스민 쌀이 섞여 만들

어진 부드러운 맛인 거 같다. 메콩강 주변의 라오스 국수집이든, 이탈리안 레스토랑이든, 프랑스식 베이커리이든 어디서나 즐길 수 있고, 어느 음식에나 잘 어울린다. 그냥 비어 라오만 즐겨도 좋다.

반면, 비어 라오 다크는 태운 보리를 사용해서 그런지 이름과 같이 진한 색깔에 무게감이 있는 맥주다. 체코의 '코젤'과 같은 '다크 라거'의 맛이라 할 수 있다. 구운 맥아의 향기와 캐러멜 향이 섞여 묵직한 질감이 특징이라, 향이 강하고 자극적인 음식과 잘 어울린다.

최근 비어 라오의 라인^{line}이 많아졌다. 2010년에 론칭한 비어 라오 골드^{Beer Lao Gold}와 비어 라오 다크^{Beer Lao Dark} 외에 2018년 7월에 비어 라오 화이트^{White}, 비어 라오 호피^{Hoppy}, 비어 라오 엠버^{Amber} 등 수제 맥주와 같은 다양한 맛과 향의 라인을 출시했다. 라오스 루앙프라방을 떠나는 오후, 우리는 아쉬움에 비어 라오라도 한잔 더 하고 떠나기로 했다. 그런데 호텔에서 메뉴판을 보는 순간, 우리가 시중에서 보지 못한 맥주들이 있었다. 비어 라오 호피와 화이트. 반가운 마음에 주문해서 그 맛을 음미하며 서로의 느낌을 나누었다.

비어 라오 화이트는 균형감이 뛰어난 맛이다. 그러면서도 열대 과일 예를 들면, 라임이나 레몬과 같은 상큼한 향이 살아 있어 독특하게 강 強, bold 하다. 그러면서도 비어 라오의 전체적으로 부드러운 라거 맛은 고유하게 간직했다. 비어 라오 호피는 이름에도 표현되어 있듯이, 몰트와 홉의 조화로 약간은 쌉쌀한 맛을 내면서도 과일향의 상큼함 오렌지의 신 듯하면서 달달한이 올라와 풍미가 강하다. 전세계의 수제 맥주 열풍이 이제 동남아시아에서도 시작된 듯싶다. 기본 적인 맛도 훌륭한 비어 라오가 변화하는 소비자들의 입맛에 맞추어 발 빠르게 변화하고 있는 모습이 보였다.

곧 떠날 루앙프라방에 대한 아쉬움과 언젠가 그리워질 눈앞에 펼쳐져 있는 '소피텔' 정원의 정취 때문인지 우연하게, 그리고 운 좋게 즐긴 비어 라오의 새로운 맛이 날 더 취하게 만들었다. 철저하게 외부와 단절하며 나와 우리에게만 충실했던 시간이 더 소중했던 것은 루앙프라방이 주는 여유와 비어 라오가 있었기 때문이다.

라오스의
전통

나눔의 모습에 반하다, 탁발(托鉢) 행사

루앙프라방 시내를 걷다 보면 샤프란[오렌지색] 컬러의 가사를 걸친 수도승들을 많이 보게 된다. 그런데 대부분 수도승들이 매우 마른 모습이다. 현지 가이드의 얘기를 듣기 전까지는 수도승이 왜 그리 말랐는지 몰랐다. 절에서 불을 때 가며 음식을 조리할 수 없기 때문에 수도승들은 아침에 시주 받은 음식으로 아침, 점심 식사를 해결하고 저녁은 굶는다고 한다. 그러면서 덧붙인 가이드의 얘기는 '그래서 많은 이들이 새벽 일찍 손수 지은 따뜻한 찰밥을 지어 봉양을 한다'고 했다. 그러한 얘기를 들으니 루앙프라방에서의 소중한 체험 중 하나인 탁발[morning alm] 행사에 꼭 참여하고 싶어졌다.

　루앙프라방을 떠나는 당일 새벽, 우리는 5시 15분에 기상하여 호텔에서 자전거를 빌려 타고 탁발 장소로 이동했다. 진흙 같은 어둠 속을 우리나라의 1960년대에서나 볼 수 있는 외등 빛에 의지하며 달려갔다. 정적에 잠긴 어둠을 가르다 보니 새벽 닭 우는 소리, 귀뚜라미 등 풀벌레 소리로 귀가 쫑긋 서진다. 새벽 공기의 상쾌함과 함께 이 모든 것이 루앙프라방이 주는 선물 같았다.

탁발 행렬은 각 가정에서 새벽부터 정성스럽게 지은 찹쌀밥을 스님에게 시주하는 의식이다. 루앙프라방의 80여 개 사원의 스님들은 매일 새벽 시내를 한 바퀴 돌면서 시민들이 조금씩 떼어 주는 찹쌀밥과 과일 등을 그날 먹을 만큼만 받아서 사원으로 돌아간다. 많이 받았다고 생각되면 시주 받은 것을 가난한 사람에게 나누어 주기도 한다.

도착해 보니 낮에는 잘 보이지 않던 중국/한국의 단체 관광객들이 일찍부터 자리 잡고 시주 준비 중이었다. 관광객들과 함께 시주할 음식을 파는 상인들도 많았다. 루앙프라방의 탁발이 약간은 관광 볼거리로 전락되어 그 의미가 퇴색된 것은 아닌가 하는 생각이 들기도 했지만, 나도 적당한 사리를 찾아 찰밥 내나무 한 통을 사서 앉았다. 현지인들처럼 직접 만들어 김이 모락모락 나는 찹쌀밥, '카오니아우Khao Niaw'가 아니라 죄송한 마음이 들었다. 직장 다니며 일 때문에 먹은 식사들은 그것이 아무리 고급지고 비싸더라도 나에게는 항상 '온기 없는 밥'으로 느껴졌다. 누군가의 정성이 느껴지지 않아 따뜻하지도 맛깔스럽지도 않았던 기억들이 있다. 그래서 장사용으로 지어진 것을 시주하려니 마치 '온기 없는 밥'으로 느껴져 맘이 편치는 않았다. 하지만 그래도 가장 따뜻한 것으로 골라 산후 앉아서 스님들의 행렬을 기다리고 있었다. 마음부터 경건해졌다. 불교신자도 아닌 내 자신이 이런 코스프레(?)를 통해서도 경건하고 간절한 맘을 가지게 되다니 종교가 갖는 알 수 없는 힘이라 생각된다. 가족의 건강과 평화, 그리고 (루앙프라방 탁발의 모습처럼) 나눔의 삶을 실천하길 기도했다. 저 끝에서부터 샤프란 컬러의 가사를 걸친 수도승과 스님들의 행렬이 이어졌다. 손으로 찰밥을 동글동글 말아 주먹밥 크기로 내 앞을 지나치는 스님들에게 시주施主한다. 나의 염원과 바람을 담아서. 이런 시주를 하는 행렬에는 현지의 어린아이들도 끼어 있다. 이들은 커다란 바구니나 비닐봉지를 가지고 앉아 있다. 시주 받은 찰밥들이 스님들을 통해 다시 그 아이들에게 나누어진다. 공양 그릇을 채운 승려들은 다시 어려운 이들의 빈 그릇을 채워 주는 것이다.

탁발托鉢 행렬이 다 끝날 때 즈음 바구니 한 가득 채운 아이들은 그 무거운 찰밥을 들고는 기쁜 맘으로 집으로 달려간다. 식구들의 하루 양식이 해결된 듯하다. 물리적으로는 무척이나 무겁지만, 하루의 수확이 크다 보니 그 무게를 느끼지 못하는 것 같았다. '나눔'의 모습이 이런 것이구나 하며 다시 한번 라오스 아이들을

▶ 시주하는 장면

위해 기도를 했다. 탁발을 통해 스님들은 음식을 공급받고 구도자들은 정신적인 구원을, 가난한 자들은 그들의 일용할 양식을 얻는 듯하다. 루앙프라방의 탁발은 정말로 지켜 주고 싶은 전통이며 경건한 종교의식이다. 더도 말고 덜도 말고 이 전통이 영원히 간직되길 바라는 마음뿐이다.

세계 20대 최빈국 중 하나라는 오명을 가진 '라오스'이지만, 국민 대다수가 불교를 믿는 이 나라는 불교적 믿음을 바탕으로 나눔의 개념이 삶 깊숙이 깔려 있는 듯하다. 스스로가 최빈국이라 생각하거나 느끼지 않을 거 같다. 오히려 그들의 삶과 정신은 어느 선진국 국민들보다 풍요롭고 행복하고 따뜻해 보인다. 삶의 가치가 반드시 물질적 풍요와 비례하지 않음을 몸소 느낄 수 있는 곳이 여기 라오스 루앙프라방 같다.

군대 다녀오듯 출가(出家)하는 라오스 젊은이들

루앙프라방에는 사찰들이 많다. 그러므로 당연히 수도승과 스님들도 많다. 라오스의 거의 모든 남성들은 군대를 다녀오듯 어린 시절에 출가를 한다고 한다. 짧게는 2~3개월에서 1~2년, 길게는 10년 이상, 아니면 평생 수도승 생활을 한다고 한다. 처음에는 모든 남자들이 출가를 한다는 점이 이상했다. 수도승 생활 동안의 경제적 활동이나 학업을 못하면 일상생활에 타격이 크지 않을까 하는 세속적인 걱정도 잠시 들었다. 하지만 동남아시아에서 유일하게 끝까지 독립을 지킬 수 있었던 태국, 그 시대 왕이었던 라마 4세^{영화 〈왕과 나〉의 주인공}를 생각하니 이해가 갔다. 왕이 되기 전 27년 동안 수도승 생활을 했던 그는 그 시간 동안 '인내와 겸손, 그리고 지성과 통찰력'을 키울 수 있었다고 한다. 이러한 수련은 향후 서양 열강들 속에서 독립을 지키기 위한 해답을 찾는 데 큰 도움이 되었을 것이다. 단순히 먹고사는 세속적인 문제가 아닌 보다 인간다운 모습으로, 소중한 가치를 깨닫고 배우는 시간이 인생에서는 꼭 필요하다는 생각이 들었다. 출가를 하는 시간이 라오스 젊은이들에게는 평생 함께할 그들의 삶의 가치와 미덕을 얻는 시간인 듯하다. 우리나라에서도 군대를 다녀와야 어른이 된다고 하듯이.

탁발 행사 후, 호텔에 돌아와 아침 식사를 했다. 탁발을 다녀왔다고 하니, 레스토랑 매니저가 지금 서빙 하고 있는 이 사람이 수도승^{monk}이었다고 소개했다. 2년간 절에서 수도승 생활을 하며 수련을 했다고 한다. 2년 수련을 한 후 대학에 가고, 취업을 하게 되었다고 했다. 2년의 수련 생활이 어떠했는지, 지금의 사회생활에 도움을 주는지 등등 많은 것을 묻고 싶었지만 그런 기회를 갖지 못한 것이 아쉽기만 하다.

루앙프라방의 새벽시장과 야시장

탁발행사 후 호텔로 돌아가는 도중에 잠시 '새벽시장'에 들렀다. 아침이라 매우 분주해 보였다. 아침 새벽부터 장을 본다는 것도 새삼스럽게 느껴졌다. 아침 식사를 국수로 먹는 사람들, 등교 전 가방을 매고 엄마와 장을 보는 아이, 아침 식사거리로 국수를 사가는 사람들, 다양한 라오스 사람들의 생활 모습을 엿볼 수 있었다. 4명의 가족이 하나의 오토바이에 타고 학교로, 직장으로 달리는 모습도 우리나라에서는 쉽게 볼 수 없는 장면들이었다.

손수 키운 각종 야채들을 아낙네(?)들이 펼쳐 놓고 손님들을 기다린다. 바가지호박(?), 가지, 손수 캔 나물들과 메콩강에서 잡은 듯한 못난 모습의 각종 생선들. 털이 가득한 아직 살아 있는 가금류들, 우리나라 순대와 같은 소시지, 오전 장사를 위해 계속 우려지고 있는 육수. 다양한 먹거리와 시장의 모습은 여행지 현지인들의 삶을 이해하는 가장 좋은 기회이다.

새벽시장에 못지않게 야시장^{Night Market}은 루앙프라방의 명물이다. 매일 밤 열리는 나이트마켓은 루앙프라방의 대표적 볼거리이자 즐길 거리이다. 라오스는 현재 약 49개의 소수민족이 사는 나라이다. 그중 '라오족^族'이 가장 많아 ^{전체 인구의 약85%} 국가명은 라오스^{Laos}를 사용한다. 소수민족 중 하나인 산에 사는 '몽족'은 솜씨

▶ 야시장에서 판매되는 몽족들의 수공예품

가 좋은 민족이다. 이들은 라오족과 달리 '유교'를 숭상하고 있다. 생김새도 우리나라 혹은 중국인들과 많이 비슷하게 생겼다. 이들은 특유의 문양과 수공예, 염색기법을 발휘하여 갖가지 질 좋은 상품들을 만들어 야시장에 선보인다. 하나하나가 수작업을 통해 만들어져서 공장에서 대량생산 하듯 찍어 낸 느낌이 없다. 여느 동남아 시장에서 이루어지는 호객행위나 흥정도 적은 편이라 피로감도 덜하다. 수작업을 한 공예품이라는 점을 감안하면 가격 또한 착하다. 간간이 조악한 중국산 제품들이 보이긴 하지만 아직은 다른 동남아 시장 제품과는 확실히 차별화된다. 그래서 나중에 다시 방문했을 때 값싼 중국 공산품이 가득하면 어쩌나 하는 걱정이 앞섰다. 만약 그렇게 되면 루앙프라방 야시장의 차별화된 특성이 사라지기 때문이다. 대부분 동남아시아 국가들의 야시장에는 대량생산 된 중국산 값싼 제품들이 많고 거의 유사해서 나중에는 보고 싶지도 않을 정도였다. 현지의 먹거리만 즐겼던 다른 동남아시아 야시장들과 달리 루앙프라방의 각양각색 수공예품은 내 지갑을 한없이 열게 했다.

프렌치 인(in)
라오스
루앙프라방

크루아상과 바게트 샌드위치

파리에서 3년 반을 살다 귀국하자마자 '○○바게트'의 상위브랜드인 '○○크루아상'에서 크루아상을 먹어 본 이후로 나는 한국에서 3년 동안 크루아상을 사 먹지 않았다. 3년 후 한국에 론칭한 '곤트란 쉐리에 Contran Cherrier *'의 크루아상을 먹기 전까지는 한국에서 크루아상을 먹는다는 것이 겁이 났다. 한국의 크루아상은 단맛이 강하고 조금은 느끼하다. 하지만 프랑스 파리의 크루아상은 전혀 달지 않고 고소하다. 그러면서 버터의 풍미가 강하다. 버터를 많이 사용했지만 전혀 느끼하지 않다. 또한 켜켜이 포개진 크루아상의 층들도 서로 엉기거나 뭉치지 않고 그 결들이 살아 있

---

* 프랑스에서 최근 인기가 높은 베이커리 셰프로 한국과 싱가포르 등에 프랜차이즈 설립 운영 중.

어 씹을 때 뭉개지는 느낌이 나지 않는다. 두 손가락으로 크루아상을 양 끝으로 잡고 살살 잡아당기면 잘 삶아진 닭 가슴살처럼 찢어진다. 그러한 맛과 풍미, 식감의 크루아상을 루앙프라방에서 맛볼 수 있었다.

나는 항상 크루아상을 사면 우선 양손으로 크루아상 양 끝을 잡고 길게 늘여 본다. 크루아상 안의 결의 모습을 보고 싶어서다. 그리고 두 손가락으로 크루아상 안의 살을 살짝 뜯어본다. 한입 물어 본다. 높이 솟아오른 겉모습과는 달리 크루아상 안은 텅 비어 있어야 좋다. 단, 결(?)은 많고 그 결마다 공기가 가득 차 있어야 한다. 그런데 그런 크루아상을 루앙프라방에서 만났다. 너무 반가운 나머지 우리는 충동적으로 간식이라는 미명하에 라오 비어와 크루아상을 먹었다.

프랑스 파리에 가면 에스프레소 한잔과 크루아상 이외에 항상 자주 먹는 것이 있다. 바로 바게트 샌드위치이다. 여러 종류가 있지만 '잠봉Jambon & 프로마주Fromage', 즉 '햄과 치즈' 샌드위치를 주로 즐긴다. 프랑스는 바게트가 맛있기 때문에 바게트 내 햄과 치즈만 넣어서 먹어도 맛있다. 버터조차도 바르지 않는 경우도 많다. 사실 버터는 영국과 북부 프랑스 브르타뉴와 노르망디에서 먹는 음식이라 프랑스 파리에서는 직접 버터를 발라 먹는 경우는 드물다. 15여 년 전 파리에 처음 놀러 와 빵과 주¹요리가 나왔을 때 버터를 별도로 1달러를 주고 주문해 먹은 적도 있었다. 우리나라나 영국과 같이 빵과 함께 버터가 제공되는 경우는 프랑스 파리에서는 드물다. 프랑스 파리 현지와 매우 유사한 바게트 샌드위치도 라오스 루앙프라방에서 맛볼 수 있다. 카페에 앉아 라오 비어와 크루아상, 바게트 샌드위치를 먹고 있는데 아이가 셋인 듯한 엄마가 아이들과 함께 바게트를 잔뜩 사 갔다. 엄마는 라오스인 같은데 아이들은 프랑스 혼혈 같아 보였다. 저녁 먹을 준비를 하기 위해 바게트를 사 가나 보다. 아침 일찍 혹은 저녁무렵 식사를 위해 바게트를 사 가는 풍경도 파리를 닮았다.

파리지엔 코스프레, 자전거와 바게트

탁발을 다 마치고 나니 새벽 6시 반이었다. 어제 비어 라오와 크루아상을 먹었던 '르베네통Le Banetton 베이커리'에서 알려 준 '바게트가 나오는 시간'이었다. 우린 갓 나오는 바게트를 사러 자전거를 타고 카페 '르베네통Le Banetton'으로 향했다. 도착하니 매장 안은 아직 오픈 전처럼 보였지만, 프랑스 파리처럼 새벽 3시부터 반죽하고 구워 낸 바게트들이 각 호텔로 배달되기 위해 자전거에 실리고 있었다. 우리는 바게트를 사서 우선 그 풍미를 만끽한 후, 두 손으로 온기가 남아 있는 바게트를 힘껏 쥐어 '파스

르~' 하고 부스러지는 '갓 나온 바게트에서만 나는 특유의 소리'를 듣고자 했다. 프랑스의 갓 구운 바게트에서는 영락없이 이러한 바삭하고 건조한 소리가 났다. 부스러지듯 조각 난 바게트 속의 하얗고 보드라운 속살을 파먹으면 그 따스함과 부드러움, 고소함과 그리고 그 특유의 꾸띡꾸띡 ^{시큼한} 한 향을 느낄 수 있다. 오븐에서 갓 나와 잠시 식힌 바게트의 속살에서는 김이 모락모락 나는 경우도 있다. 프랑스 바게트의 향과 맛, 식감을 그대로 간직하고 있었다. 오랜만에 느껴 본 진짜 바게트의 느낌이었다. 바게트를 자전거 바구니에 담아 호텔로 이동하는 나는 '파리지

엔 코스프레'를 하고 있었다.

프랑스식으로 재해석한 라오스 전통 요리 전문점, 만다 드 라오스

만다 드 라오스Manda de LAOS는 라오스 전통음식을 프랑스식으로 재해석해서 선보이는 멋진 레스토랑이다. 연꽃이 가득한 연못을 마주하며 짙은 라오스의 어둠 속에서 별빛을 감상하며 식사를 하는 감동도 있는 곳이다. 만다 드 라오스Manda de LAOS는 집안 대대로 내려오는 라오스 전통 음식 레시피를 중심으로 프랑스식 조리 방법과 플레이팅을 더해 라오 요리의 고급스러움을 제공한다.

프랑스처럼 메뉴판 첫 페이지에는 이 레스토랑의 역사가 적혀 있다. 작은 것 하나라도 놓치지 않고 메모하고 모아서 스토리를 만드는 프랑스인들의 모습과 습관이 여기서도 보였다. 스토리는 사람들의 신뢰와 사랑을 받는 가장 강력한 무기인데, 프랑스인들은 이런 마케팅을 잘 한다. '만다 드 라오스'에 대한 유래를 읽고 우리는 요리를 주문했다. 애피타이저로 '랩무핑Laap Moo Ping'이라는 바비큐 된 돼지고기 완자pork balls, 일명 Laap Ball와 라오스식의 소고기 요리인 버펄로 라오라오Buffalo LaoLao, 일명 '라오락사'라는 카오푼 남픽Kao Poun Nam Pik, Chili Paste Noodle Soup Curry, 프랑스의 '크렘 브륄

▶ '만다 드 라오스'의 현지음식들(좌)과 프랑스식 코코넛 브륄레인 '상카야 막파오'(우)

레Crème Brulee'를 응용한 '코코넛 브륄레Coconut Crème Brulee'인 '상카야 막파오Sangkhaya Makpao' 등이었다. 애피타이저인 '랩무핑Laap Moo Ping'은 레몬그라스, 고수, 쪽파 등 향채들과 '소스Jim jaew Dip'가 제공이 되는 건강식이다. 재료와 맛은 현지식이었지만, 제공되는 요리의 모양과 방식은 프랑스식이라 그 맛이 더 고급졌다. 특히 코코넛 브륄레는 가장 프랑스적인 디저트를 가장 현지식으로 만들어 낸 디저트였다.

소피텔 인(in) 루앙프라방

2019년 1월 9일(수) 일기

"어제부터 내린 비는 오늘 아침에도 계속되었다. 비는 여행 속에서 뭔가를 마구 찾아 움직여야 할 거 같은 우리의 맘과 발걸음을 잡았다. 아무것도 하지 않게. 싱가포르와는 달리 이틀 연속 구름 끼고 비가 내리는 날씨도 생소하게 느껴진다. 무엇인가를 많이, 그리고 바쁘게 해야만 갈 거 같은 시간이 아무것도 하지 않아도 갈 수 있다는 것, 그리고 빨리 갈 수 있다는 것이 신기할 뿐이다. 루앙프라방에서는 지금껏 살아온 시간과 많이 다른 느낌이다. 벽이나 풀숲에서 세월아 네월아~ 엄청나게 천천히 움직이는 달팽이들이 보인다. 낮은 키의 연한 꽃잎들만 골라 따 먹으며 한없이 여유로워 보이는 토끼들도 나의 시선을 강탈한다. 어슬렁어슬렁 낯선 이에 대한 경계와 두려움도 없는 루앙프라방의 개들. 개들조차도 조용하다. 3일 동안 지내는 동안 길거리에서 그 많은 개들을 보았건만, 개 짖는 소리를 듣지 못했다. 개들조차도 라오스 루앙프라방의 사람들처럼 마음이 평화롭고 한가로운가 보다. 맘의 여유가 이런 것들을 보게 한다. 정말 신기한 건 '나도 이렇게 여유롭게 아무것도 안 하는 존재'가 될 수 있다는 점이다. 와이파이^{Wifi}나 통신조차 원활하지 않아 타의적인 디지털 디톡스$^{Digital\ Detox}$를 경험하게 되었더니 평상시에 못 보던 것을 더욱 자세히 보게 되었다."

'소피텔'은 프랑스의 글로벌 최고 럭셔리 호텔 체인이다. 그런데 3일 연속, 조식뷔페 서비스를 경험해 보니 서비스의 일관성이 없어 보였다. 글로벌 기업들이 가장 중요시하는 글로벌 브랜드의 표준이 없는지, 아니면 이를 직원들이 체화하지 못한 건지 하는 의구심이 들었다. 뷔페식임에도 불구하고 전날에는 메뉴판을 보여 주고 주主요리main dish, 예: 국수, 포치드 에그를 주문 받았는데, 오늘은 그냥 가져다 먹으라고 한다. 물이나 커피는 뭘 마실 거냐고 묻기에 '물'은 어떤 종류가 있는지 되묻고 '탄산수'를 시켰다. 프랑스 브랜드 호텔답게 '페리에Perrier'가 제공되었다. 그런데 식사가 끝

▶ 노트북과 프렌치프레스

날 때 즈음 영수증을 가져와 룸 번호와 사인을 요청한다. 탄산수 페리에 $10. 만약, 물이 유상으로 제공되는 것이었다면 사전에 이에 대한 고지가 있어야 하는 건 아닌지. 예전의 경험으로는 이런 경우 매니저에게 강하게 컴플레인을 했었다. 서비스의 표준가이드가 분명 있을 터이니 이를 기준으로 조목조목 따져 물었을 것이다. 하지만 그렇게 하지 않았다. 이는 소피텔의 글로벌 기준이 아니라 라오스인들의 스타일이라 생각했다. 이에 맞게 나도 잠시나마 변화했다. 루앙프라방에서 느낀 여유로움과 한가로움의 영향이 아닌가 싶다.

소피텔 루앙프라방Sofitel Luang Prabang은 루앙프라방의 유네스코 사무실 등을 디자인한 방콕 기반의 건축가 파스칼 트라한Pascal Trahan의 작품이다. 2011년에는 세계 최고 럭셔리 호텔 인테리어 디자인상*을 수상할 정도로 인테리어가 훌륭하다. 예전 프랑스 총독거버너, Governor이 살던 곳을 부티크 호텔로 개조하였다. 그래서 이곳의 레스토랑 이름이 거버너의 그릴Governor's Grill이다.

소피텔 루앙프라방은 라오스 전통 건축 양식과 현대적인 디자인이 잘 어우러진 호텔로 25개의 스위트 객실로만 이루어져 있다. 모든 객실에 테라스와 정원이 갖추어져 있어 특별함 속의 여유로움을 맘껏 누릴 수 있다. 높은 천장과 벽면의 라오스 전통 문

---

* WAN(World Architecture News).

양의 타피스리Tapisserie 와 사진들, 캐노피가 드리워진 앤티크 느낌의 침대 또한 인상적이다. 침대 머리맡에 USB 포트와 독서등이 빌트인 되어 있어 잠들기 전의 독서와 하루를 돌아보는 일기를 적는 데 매우 최적화되어 있다. 프랑스식 목조 블라인드 문으로 구분된 테라스는 푹신한 소파와 야외 욕조 등을 갖췄다. 잠시 저녁 식사를 다녀온 사이에 턴다운 서비스가 제공되었다. 그리고 라오스 전통 수공예품 같은 어메니티 바구니에 간단한 간식과 과일이 준비되어 있었다. 빳빳하게 시트 모서리가 접힌 침대는 잠자기 위해 흐트러트리기에는 너무 완벽해 보였다. 네 가지의 찻잎이 준비되어 있다. 잠자기 전 무카페인의 전통차를 한잔 프렌치프레스에 내려 마셨다. '작은 루앙프라방'이 선사하는 크고 특별한 휴식을 맛볼 수 있는 곳이 이곳 '소피텔 루앙프라방'이라는 생각이 들었다.

Chapter 5

▼

베트남
하노이

베트남 하노이 여행은 미식 여행이었다. 하루 다섯 끼를, 한 끼에 두 집을 들러 가며 먹고, 커피도 연속해서 두 카페를 방문하며 두 잔 이상씩 마시는 '먹자 여행'이었다. 그럼에도 불구하고 먹어 보지 못한 많은 메뉴들이 남은 여행이었다. 닭 육수로 만든 쌀국수, 즉 '포가Pho Ga' 등 남은 메뉴를 위해 베트남 하노이 여행 2편을 기약해야겠다.

베트남 카페(Ca Phe),
카페(Café),
커피(Coffee)

베트남에서의 커피문화와 그 의미

프랑스와 같이 베트남에서도 '커피'를 '카페'라고 부른다. 하지만
발음은 같고 알파벳 철자는 다르다. 예를 들어 베트남에서는 'Ca
Phe^{카페}'라고 하고, 프랑스에서는 'Café^{카페}'라고 한다. 발음이 같
은 이름을 가진 것을 보면 자연스럽게 베트남의 커피문화가 프랑
스인들에 의해서 전해진 것임을 짐작할 수 있다.

　프랑스인들이 즐기는 커피 종류는 크게 에스프레소^{Espresso}, 카
페알롱제^{Café Allonge}, 카페오레^{Café Au Lait}, 카페누아젯^{Café Noisette} 등이
있다. 모두가 에스프레소를 기반으로 한 커피들이다. 하지만 베
트남 사람들은 '카페 핀^{Café Fin}'이라고 불리는 용기에 거른 커피액
에 주로 연유^{Condensed Milk}를 섞어서 한국의 믹스커피보다 더 진하
고 달게 마신다. 이를 베트남에서는 '카페 쓰어다^{Ca Phe Sua Da}'라고

▶ 도기로 만든 '카페 핀'(좌), 베트남식 달콤한 아이스커피 '카페 쓰어다'(우)

부른다. 커피에 연유를 사용하는 문화는 싱가포르와도 유사하다. 하지만 카페 핀을 이용하는 것이나 단맛의 연유를 많이 사용하는 것은 싱가포르와 다르다. 커피에 연유를 사용하는 것은 프랑스인들의 카페오레^{Café Au Lait, 우유와 커피를 섞은 것}에서 유래한 듯하다. 베트남과 같은 더운 나라에서는 우유나 생크림 등을 장기간 보관하기도 어렵고 구하기도 쉽지 않았을 것이다. 그래서 장기간 보관이 가능한 캔^{can}에 담긴 진하고 단 연유가 우유를 대신한 듯하다. 또한 베트남 하노이에서는 '에그 커피^{Egg Coffee}'도 유명하다. 달걀 거품을 이용한 것도 우유를 대신한 것이라고 에그 커피 최초 창업자가 얘기했다. 이렇듯 커피든 언어든 베트남인들은 '프랑스식

모방'을 통해 자신들만의 문화를, 삶의 방식을 만들어 냈다.

베트남에는 커피숍, 즉 카페 '커피'의 뜻인 카페와 구별하기 위해 카페 대신 '커 피숍'이라고 칭함. 이하 카페라고 칭함가 많다. 또한 실내에서만 즐기는 것이 아니라, 도로를 바라보는 형태로 의자들을 배열하여 앉는 노천 테라스형 카페를 선호한다. 커피를 많이, 자주 애용하며 '삶의 일 부'로 사는 모습도 프랑스인들과도 비슷한데, 카페의 모습도 프 랑스와 많이 유사하다. 파리지엔들은 조금이라도 햇빛을 쐬기 위 한 목적이 큰데, 오토바이와 자동차 매연과 소음 속에서 굳이 인 도人道의 (목욕탕) 의자에 앉아 지나가는 사람들과 거리를 바라보 며 마시는 이유가 궁금했다.

베트남 사람들도 아침에 일어나 가장 먼저 하는 일이 바로 '커 피 마시는 일'이다. 이른 새벽에도 거리에 나가 보면 노점에서 커 피를 마시며 하루를 시작하는 이들이 많다. 시내의 카페들도 오 전 6시면 문을 열고, 일요일 오전 9시에도 카페에 사람들이 가득 한 것을 보면 커피는 그들의 '삶의 일부'인 듯하다.

베트남에서 커피가 처음 재배된 것은 19세기 중반 즈음이다. 당시 베트남을 지배했던 프랑스는 베트남 중남부 지방에 대규모 커피 농장을 세우고 커피 재배를 장려했다. 잘라이Gia Lai, 닥락Dak

▶ 베트남 하노이의 노천 테라스형 카페들

^{Lak} 같은 베트남 중부고원지대는 커피 생산에 적합한 기후와 토양의 조건이었다고 한다. 프랑스인들은 베트남인들의 값싼 노동력을 이용하여 커피를 생산, 부^{富}를 축적하고자 했다. 반면, 그들은 고향에서 즐겼던 커피 향을 베트남에서도 맘껏 즐기고 싶었을 것이다. 이때 이미 동인도무역회사를 통해 막강한 이익을 취하던 네덜란드의 인도네시아 커피 농장이 프랑스인들에게는 롤 모델이 되었다.

커피는 베트남 지역 농민들에게는 적게나마 현금 수입을 얻을 수 있는 일자리였다. 이는 지금의 베트남에서도 비슷한 환경이다. 정부는 커피 산업을 중요한 정책으로 이끌고 있고, 베트남 농민들은 커피를 통해 많은 수입을 얻고 있다. 베트남 커피는 베트남 전쟁 후 주요 외화벌이가 되었다. 특히 1980년대 말부터 쌀과 함께 커피는 국가재정에 큰 보탬이 되는 품목이었다. 사회주의 경제의 한계를 인식한 베트남 정부는 신경제구역 정책을 펴게 되고, 이는 커피 산업 발달의 중요한 촉진제가 되었다. 오늘날 베트남은 저품종 로부스타 커피뿐 아니라 고품종인 아라비카, 세계에서 가장 비싼 커피 중 하나로 구분되는 위즐$^{Weasel, 다람쥐 배설물에}$ $^{서 추출한 커피}$ 등 다양한 커피 품종 개발과 브랜딩 기술의 발전에 힘입어 커피 수출량 세계 2위라는 타이틀을 거머쥐게 되었다. 매년 70~80만 톤의 커피를 생산하는데, 이 중 인스턴트커피로 주로 사용하는 로부스타^{Robusta} 커피 원두는 베트남이 세계 최대 생산국이다. 세계 11위의 커피 소비국인 우리나라에서 가장 많은 양의 커피를 수입하는 나라 역시 베트남으로, 총 커피 수입액의 40퍼센트를 차지한다고 하니 국내의 웬만한 인스턴트용 커피는 대부분 베트남에서 수입된 것이다. 로부스타는 미국이나 남미에서 재배되는 아라비카 커피보다 쓴맛이 강하고 카페인 함량이 높다. 그래서 오히려 미국의 연한 커피와는 달리 유럽의 에스프레소 커피의 맛과 향이 비슷하면서 베트남 커피만의 독특한 맛을 낸다. 진하면서도 초콜릿 향이 강해서 연유와 함께 시원하게 마시면 제격이다. 그래서 카페 쓰어다가 인기인가 보다. 카페 쓰어다는 현지 커피의 맛을 제대로 살려 개발한 커피다. 이렇듯 프랑스인들로부터 시작된 커피는 베트남 사람들의 삶의 일부를 넘어 경제의 중추적 역할을 하고 있다.

베트남 카페 투어

• 카페 지앙(Café Giang)의 에그 커피

우리는 호찌민에서 경험했던 '콩 카페Cong Café'보다 먼저 '카페 지앙Café Giang'을 찾아 나섰다. 베트남 여행을 계획하고 있을 때 우연히 싱가포르 방송에서 본 베트남 에그 커피Egg Coffee 때문이다. 커피에 달걀을 넣어 먹는다는 개념도 생소했고, 곧 떠날 베트남 여

행 콘셉트 중 '커피탐색'도 있어 열심히 시청했다. 약 70년 전에 에그 커피를 최초로 개발하여 아직까지 '카페 지앙'을 운영하고 있는 이분은 우유가 귀한 시절 우유를 대신할 것을 고민하다가 달걀노른자 거품을 사용했다고 한다. 그러면서 베트남 하노이 사람들은 기본적으로 '단것'을 싫어한다고 강조했다. 그래서 값비싼 우유 또는 단맛이 강한 연유 대신 설탕을 약간 섞은 달걀 거품을 사용했다고 했다. 진한 커피 위에 하얀 달걀 거품을 얹어 만든 에그 커피를 맛본 프로그램 진행자는 '티라미수'를 먹는 맛이라고 감탄했다.

하노이 도착 첫날부터 이 카페를 가려고 호텔 컨시어지에 자세한 위치를 물었다. 그랬더니 TV에서 본 에그 커피를 처음 만든 분이 '소피텔 메트로폴 하노이'의 바텐더였다고 자랑을 하며, 위치를 자세히 알려 주었다. 그리고는 인터넷으로 무엇인가를 더 찾더니 '카페 지앙'의 간판 사진을 보여 주었다. 카페의 위치가 찾기 어려울 뿐 아니라, 이 간판이 잘 보이지 않아 많은 고객들이 허탕을 치고 돌아오는 경우도 있다면서 인터넷에 올라와 있는 카페 지앙 간판 이미지들을 자세히 보라고 했다. 그런 친절한 설명 덕분에 우리는 카페 지앙을 쉽게 찾아갔다. 거리에 있던 카페 간판을 끼고 허름하고 좁은 통로를 통해 한참 건물 안으로 들어갔다. '이런 곳에 카페가 있나?' 하는 의심을 하면서. 만약 호텔 컨시어지로부터 사전 고지를 받지 못했다면 찾기가 어렵거나 힘들었을 것 같은 곳이었다.

　2층으로 구성되어 있었는데, 자리는 이미 만석이었다. 나무로 된, 그리고 모양은 목욕탕 의자 같은 것들과 조그마한 밥상 같은 탁자들로 되어 있었다. 1946년에 카페를 시작했는데, 이곳은 두 번째로 이사한 매장이라고 했다. 내부 벽이나 장식들을 보니 오랜 시간이 지났음을 알 수 있었다. 낡은 벽에는 오래된 듯한 각종 베트남풍 그림들이 장식되어 있었고, 완전 밀폐된 실내라고 하기에는 창을 통해 햇빛이 들어오기도 했다.

▶ 카페 지앙의 에그 커피

두리번거리는 사이 자리가 나서 얼른 가 앉아 주문을 했다. 기대를 엄청 하고 있었던 거 같다. 베트남의 더운 날씨를 생각하면 아이스커피를 주문해야 하는데, 시그니처 메뉴인 따뜻한 에그 커피를 주문했다. 드디어 나온 에그 커피의 맛을 보았다. 따뜻한 물을 담은 소서Sourcer 에 커피 잔이 놓여서 나왔다. 계란 노른자를 설탕 혹은 바닐라 시럽을 넣고 거품화해서 그런지 느낌은 카푸치노의 크레마 같았고, 맛은 정말 티라미수 같았다. 오픈한 지가 70년이 넘었다고 들으니, 70년 전 이 커피는 얼마나 선진적(?)인 느낌이었을까 하는 생각이 들 정도로 새로운 맛이었다.

• 베트남 하노이 '콩(Cong)' 카페

2018년 여름, 한국에 상륙한 콩 카페. 이제는 베트남을 가지 않아도 그 맛과 분위기를 즐길 수 있게 되었다. '콩' 카페는 하노이든 호찌민이든 다낭이든, 이제는 베트남을 방문하면 반드시 들르는 핫플레이스가 되었다. 하노이 성 요셉 성당 앞 3층짜리 콩 카페는 한국인 관광객들이 거의 반 이상이다. 1980년대 베트남의 가정집을 모티브로 한 독특한 분위기의 콩 카페는 베트남 고유의 정서를 경험할 수 있는 체험장이다. 독특한 커피의 맛과 메뉴 외에도 베트남의 문화를 경험할 수 있어 많은 이들이 선호한다. 매장에 들어가면 과거 베트콩베트남 공산당 군복 색깔인 카키색으로 통일된 실내장식과 선전포스터 등은 어린 시절부터 받은 반공反共 교육을

떠올리게 한다. 낡은 나무 테이블, 베트콩이 사용한 냄비로 된 전등갓, 베트콩 군복 등도 장식되어 있는 베트남 전통의 빈티지 콘셉트이다.

베트남의 국민 커피숍이라고 할 수 있는 콩 카페에는 두 가지 시그니처 메뉴가 있다. 일명 '연유커피'라는 카페 쓰어다^{Ca Phe Sua} ^{Da: 진한 커피 원액에 연유를 부어 마시는 베트남식 아이스커피}와 코코넛 스무디 커피다. '카페 쓰어다'는 커피 잔 혹은 투명 볼에 연유를 1/4 정도 채운 후 카페 핀^{Café Fin} 이라는 커피 거름망^{베트남식 드리퍼 Dripper}을 올리고 진하디진한 베트남 커피를 내린다. 커피가 내려지면서 잔의 맨 아래에 깔린 연유는 커피와 일부 섞이기도 하지만 연유 위에 내려앉은 커피로 인해 흑백의 두개 층으로 나뉜다. 이를 잘 저어서 마시면 '달달한 커피 우유' 맛이 난다. 코코넛 스무디 커피는 코코넛 밀크를 얼린 후 셔벗처럼 곱게 갈아서 커피 위에 가득 올려 준 아이스 코코넛 밀크 커피이다. 커피 위에 올린 코코넛을 먼저 스푼으로 떠먹으면서 베트남의 더위를 달랜 후, 아래 커피와 조금씩 섞어 마시면 된다. 몇 년 전 호찌민을 방문해 마셔 본 이 맛이 그리워 에그 커피를 마신 다음 우리는 바로 옆 건물에 있는 콩 카페로 들어가 또 한 번의 커피 타임을 가졌다. 이렇듯 커피의 맛뿐 아니라 각 카페마다 제공하는 커피의 종류도 개성 있고 다양한 곳이 베트남이다.

▶ 콩카페의 코코넛 스무디 커피

　2007년 콩 카페는 하노이의 오래된 카페 거리인 뜨리에우비엔 브엉^{Trieu Viet Vuong} 거리에서 자그마한 카페로 시작했다. 이제는 베트남 전역에 55개 지점을 가지고 있다. 콩 카페 창업자인 린증 현 대표는 가수 출신이라고 한다. 처음 이 카페를 만들 때는 음악인들에게 모일 공간을 제공해 자유롭게 음악도 하고 대화도 하는 일종의 살롱 형태를 지향했다고 한다. 하지만 점차 베트남의 트렌디한 젊은이들이 많은 시간을 보내는 공간으로 자리 잡았고, 외국인 관광객에게는 베트남 방문 시 꼭 들러야 하는 명소로 인기를 얻었다. "카페 이름의 콩은 '함께'라는 한자 공共에서 나온 것"이며 호찌민 시대를 모티브로 한 카페여서 콩은 공산당의 '공'

을 의미하기도 한다고 한다. 콩 카페를 가면 '콩누아 콩마이'라는 문구를 볼 수 있는데 풀이하자면 '공화, 영원히'라는 뜻이다.

• G7 커피로도 유명한 베트남 최대 토종 커피 체인점, 쭝 응우옌 커피(Ca Phe Trung Nguyen)

글로벌 커피 브랜드인 스타벅스가 고전하는 국가들이 있다. 프랑스, 이탈리아, 호주 그리고 베트남이다. 언급한 국가들은 커피에 대한 국민들의 애착이 매우 강하고, 그들 나름만의 독특한 커피문화가 강하게 자리 잡은 곳이다. 스타벅스는 2015년 베트남에 진출했지만, 개점 목표 달성은 절반 수준이라고 한다. 이는 쭝 응우옌 커피Ca Phe Trung Nguyen, 콩 카페, 하이랜드 등 토종커피 브랜드들이 든든하게 자리 잡고 있기 때문이다.

쭝 응우옌 커피Ca Phe Trung Nguyen의 별칭은 '베트남의 스타벅스'이다. 1998년 네 명의 친구가 모여 호찌민에 1호점을 오픈한 이후 현재는 베트남 전역은 물론 싱가포르와 중국, 일본 등 전 세계 40여 국에 1천여 개 이상의 매장을 운영하고 있다. 또한 2003년부터는 'G7'이라는 프리미엄 인스턴트커피를 출시, 미국, 영국, 프랑스 등 세계 16개 국으로 수출할 정도로 높은 평가를 받고 있다. 'G7' 인스턴트커피는 '아시아·유럽 정상회의ASEM', 아시아태평양경제협력체APEC, 동남아시아 국가연합ASEAN, 세계경제포럼 The World Economic Forum 등 베트남에서 열리는 국제행사에 제공되는 공식 커피일 정도로 유명하다. 아마도 'G7'이라는 이름도 국제 공식행사에 제공된다는 의미를 담아 지은 것 같다. 언젠가는 베트남이 G7국가 중 하나가 되는 바람을 담은 듯하다.

최근 공격적인 마케팅을 진행 중인 '쭝 응우옌 레전드 카페Trung Nguyen Legend Café'는 미국의 '블루보틀Blue Bottle'처럼 '스페셜티 커피'를 지향하는 '쭝 응우옌'의 보다 업그레이드된 브랜드이다. 이 매장은 기존의 카페보다 럭셔리해 보이고, 원두나 기념품 등 자체 브랜드 제품들도 많다. 특히 베트남의 독특한 드리퍼Dripper인 '커피핀'의 다양한 종류에 놀란다. 한국에서도 커피의 '제3의 물결The third wave'로 핸드드립커피가 유행인데, 이처럼 커피에 대한 고급화된 소비행태를 반영하여 베트남에서도 커피 브랜드를 브랜딩하고 고급화하는 추세이다. 반면, 베트남에서는 오래전부터 정확히 말하면 제2차 세계대전 이후부터 이런 드립 커피를 즐겨 왔다. 커피핀fin에 에스프레소용그만큼 매우 곱게 간 커피 분말을 반 정도 채워 넣고 물은 종이컵의 반 정도, 아마도 50~100ml 정도만 되는 물을 부어 최대한 진하게 걸러 낸다. 마치 에스프레소를 축출해 내듯 커피 원액의 진한 색깔의 커피가 내려진다. 커피 분말이 핀에 걸러지는 순간에 느껴지는 커피 향은 코를 엄청 자극한다. 커피를 좋아하지 않는 사람도 그 유혹을 견디기 힘들 듯하다. 이렇게 축출된 커피액에 물만 더 넣을지, 우유를 넣을지, 연유를 넣

▶ (위) 쭝 응우옌 레전드 카페의 다양한 커피핀(Fin), (아래) 쭝 응우옌 레전드 카페

을지 정해서 마시면 된다. 만약 진한 커피 원액에 뜨거운 물만 조금 부어 마시면 '카페 농caphe nong'이 되고, 얼음을 가득 넣어 시원하게 마시면 베트남식 아이스아메리카노인 '카페 다caphe da'가 된다. 반면, 뜨거운 우유나 연유를 넣으면 '카페 스어농caphe sua nong', 찬 우유나 연유와 얼음을 넣으면 달콤한 아이스커피인 '카페 쓰어다caphe sua da'가 된다.

이처럼 '쭝 응우옌 레전드' 카페는 각 테이블마다에서 커피핀을 통해 내려지는 커피 향으로 인해 황홀한 행복감을 만끽할 수 있는 베트남 커피숍이다.

베트남
누들문화

베트남 여행 시에는 챙기지 않는 물건이 있다. '컵라면'이다. 언젠가부터 여행 중의 여러 끼니 중 한 번은 따뜻한 국물로 해장을 해 주어야 하는 습관이 생겼다. 매번 서양식으로 먹다 보면 뭔가의 갈증을 느끼게 된다. 그런데 베트남 여행은 컵라면이 필요 없다. 언제든 국물이 있는 쌀국수를 먹을 수 있기 때문이다. 베트남뿐 아니라 이번 인도차이나 3국 여행이 비교적 편하고 피곤이 덜했던 이유도 아침마다 시원한 국물의 국수를 먹을 수 있었기 때문이다.

베트남 하노이 여행에는 '끼니 공식'이 있다. 아침에 쌀국수와 베트남 커피, 점심에는 분짜^{Bun Cha}나 보분, 저녁에는 비아호이^{Bia Hoi, 하노이 생맥주}를 즐기는 것이다.

사실 베트남에서는 예부터 다양한 국수가 발달했다. 같은 쌀국수이지만, 면의 굵기와 뽑는 방법에 따라 반^{Bahn}과 분^{Bun}으로 나

151

'분짜 홍리엔'의 분짜

넌다. 그리고 밀가루 국수인 미^{Mi}도 있다. 또한, 조리방법에 따라 우리나라의 '잔치국수 같은 후티우'와 '곰탕 같은 포^{Pho}' 등 다양한 국수로 구분된다. 베트남 전쟁 이전까지는 남부 베트남에서는 주로 후티우, 미, 분과 같은 국수를 먹었다고 한다. 그러다 월남한 북부 베트남 사람들이 넓적한 국수에 소고기 혹은 닭고기를 얹고 갖가지 향신료를 얹은 국물 있는 포^{Pho}를 팔기 시작하면서 남부에서도 일상적으로 먹는 아침 식사가 되었다고 한다. 이것이 한국에서 아는 일반적인 베트남 쌀국수의 형태이다.

우리는 생각보다 종류가 많고 다양한 베트남 하노이의 국수 종류들을 즐기기 위해 여행 중 끼니 수^{數}를 다섯 끼로 늘렸다. 점심에 두 끼를 먹기도 했다. 예를 들어 '포'를 먹고 바로 분짜$^{Bun\ Cha}$를 먹으러 이동할 정도였다. 다 먹지 말고 맛만이라도 테스트한다는 생각으로 방문해도 그 맛에 반해 제 기능을 못 하는 소화력을 고려하지 않고 다 먹게 되었다.

하노이식 쌀국수 '포(Pho)'

우리에게 쌀국수라고 하면 단연 '포^{Pho}'를 의미한다. 소고기나 닭고기 육수에 넓적한 쌀로 만든 면과 다양한 향채가 담긴 국수다. 우리가 기존에 접했던 '베트남 쌀국수'는 이것이다. '포'는 하노이에서 시작되어 1950년 이후 베트남 전역으로 확대되었다. 호찌민까지 확대되는 계기는 앞에서도 언급했듯이 하노이 피난민들이 이주와 생계를 위해 '포'를 팔기 시작한 것으로 본다. 이는 베트남에만 한정된 이야기가 아니다. 전쟁난민으로 해외로 피난 간 베트남 보트피플들은 그들이 정착한 미국과 프랑스에서도 쌀국수를 팔면서 전 세계에 그들의 소울푸드를 전파했다. 사실 개인적인 의견으로 지금까지 먹어 본 '포' 중 가장 맛있게 먹고 아직도 그 맛에 버금가는 것을 찾지 못한 곳은 프랑스 파리의 '송흥Songheung'의 맛이다. 프랑스 파리 13구 차이나타운에 있는 'Pho 13'도 이에 못지않다. 인생에서 가장 맛있었던 베트남 쌀국수가 베트남이 아닌 프랑스 파리라니 아이러니하기도 하다. 하지만 그만큼 베트남인들과 그들의 소울푸드가 얼마나 강한 생명력과 전파력이 있는지를 반증하는 것이 아닌가 하는 생각도 든다. 반면, 소고기를 먹지 않았던 호찌민 사람들이 이를 이용하기 시작한 것은 프랑스인들의 식문화의 영향이었다고 하니, 프랑스에서 찾은 베트남 쌀국수의 오젠틱authentic한 맛은 당연한 듯싶다.

• 한국 대통령도 방문한 '포텐(Pho 10)'

베트남 사람들은 숫자를 좋아하는 것 같다. 만약 그렇지 않다면, 가장 편한 방식으로 '상호'를 정하는 것이리라. 베트남에서는 보통 상점의 번지수를 '상호'에 넣는다. 그래서 거리를 다니다 보면

▶ 포 10 매장과 국수

숫자가 들어간 상호가 많다. 쌀국수집이나 카페 등 많은 곳이 숫
자를 이용한다. 프랑스 파리 13구 차이나타운에 있던 쌀국수집도
'포^{Pho} 13'이었다. 13구를 가리킨 건지, 번지를 가리킨 건지는 알
수 없지만, 분명한 것은 숫자로 대표되는 상호라는 점이다.

　베트남 하노이에도 유명한 '포^{Pho}' 상점 중 하나가 '포텐$^{Pho\ 10}$'
이다. 우리나라 대통령도 베트남 국빈 방문 시 이곳에서 쌀국수
를 즐겨서 한국 사람들에게 최근 더 유명해졌다. 이곳은 쌀국수
고명으로 나온 고기의 양도 꽤 많은 편이었다. 이에 못지않게 국
물 맛은 진한 소고기 국물 맛이었다. 하지만 나중에 다른 하노이
쌀국수들을 먹어 본 후에는 이 국물 맛이 그리 진한 것은 아니었
음을 깨달았다. 호찌민식과 다르게 숙주는 제공되지 않는다. 고
수와 파, 양파 등 야채들은 이미 국수그릇에 담겨 나온다. 단, 탁

자 위에 놓인 라임과 고추, 액젓 등을 골고루 취향에 따라 넣어 먹는다. '포텐'은 많은 것이 현대화된 쌀국수집이었다. 오렌지색 간판과 브랜드 정체성을 맞춘 듯 맞춰 입은 직원들의 유니폼도 오렌지색이었다. 입구에 마련된 유리창으로 만들어진 오픈형 주방은 그 나름 위생적으로 보였다. 매장 인테리어, 회전율을 최대한으로 높이는 주문과 서빙 방식, 스피드 등은 관광객을 많이 받는 한국의 '명동칼국수'집 같았다. 그래서 그런지 너무 기계적이고 관광지화된 느낌은 현지 쌀국수의 맛을 제대로 느끼지 못하게 했다. 브랜드 리뉴얼 시 너무 인위적이고 본래 가지고 있는 고유함을 잃어버리면 이런 맛이 나는 것이 아닐까 하는 생각이 들었다. 오히려 콩 카페같이 베트남 고유의 분위기가 물씬 풍기는 곳이 커피의 맛도 다르게 느끼게 만드는 것처럼 본래의 의미와 고유함을 잃지 않는 것이 얼마나 중요한지 다시금 깨달은 시간이었다.

• 원조(元朝) 경쟁이 붙은 2개의 '포씬(Pho THIN)'

2018년 겨울, 싱가포르의 방송 '채널아시아Channel Asia'에서 방영된 '우마미Umami'라는 시리즈 프로그램이 있었다. 일본어인 '우마미'는 우리말로 '감칠맛'이다. 단맛, 신맛, 쓴맛, 짠맛과 더불어 다섯 가지 기본 맛 중의 하나로 통한다. 이 프로그램은 한국의 김치를 비롯하여 아시아 각국의 감칠맛을 찾아다니며 소개하고 있었다. 이때 베트남 하노이에서 찾은 '포Pho'의 오젠틱한 맛을 소개했던

▶ 원조 포씬 광고

오래된 쌀국수집이 있었다. '포씬Pho THIN'이다. 3대째 쌀국수집을
운영하고 있으며, 베트남산産 사골만을 사용하여 10여 시간 우려
낸 육수를 사용하는 것이 이 집의 비법이었다. 여행 전 이 방송을
보고 이곳 상호와 주소를 찾으려고 많은 노력을 했다. 정확한 상
호는 모른 채 방송국 웹사이트에도 들어가 보고, SNS 등 다양한
채널을 찾아 검색했으나 결국 찾지 못하고 방문을 포기하고 있었
다. 그런데 이곳을 밤늦은 시간 호안끼엠還劍 호수 주변을 산책하
다 우연히 발견하게 되었다.

  호안끼엠 호수 주변은 금요일 밤부터 주말까지 차량통제 구간
이다. 그래서 하노이 사람들의 놀이 광장이 된다. 10여 명이 모여
제기차기도 하고, 버스커Busker들에 둘러싸여 음악을 듣기도 하고

157

▶ 원조 포씬(Pho THIN)의 입구와 쌀국수 포(Pho)

그룹댄스도 즐기기도 했다. 어린아이들을 데리고 나온 젊은 부부들도 많았다. 이곳만 둘러보아도 베트남이 젊은 인구층이 두터운, 성장 가능성이 높은 개발도상국이라는 것을 실감할 수 있었다. 산책하는 도중 출출함을 달래기 위해 이리저리 둘러보는 와중에 허름한 쌀국수집 입구를 발견했다. '포Pho'집을 발견하고는 들어가 앉았는데, 그 입구의 모습이나 주방 배치 등이 방송에서 본 것과 많이 비슷했다. 쌀국수 대大 자를 한 그릇 주문하고 준비하는 사람을 찬찬히 보니 방송에서 본 3대째 가업을 이어받은 젊은 대표가 아닌가? 우리는 너무 반갑고 놀라운 나머지 '채널아시아' 방송 얘기를 했다. 그곳에서 녹화촬영를 했는데, 아직 방송을 보지 못했다고 대표CEO 젊은 부부는 말한다. 우리는 이곳을 찾으려고 이곳저곳 검색을 했는데, 결국은 찾지 못하고 포기하고 있었다는 우리의 사정을 얘기하며 우연하게나마 찾게 된 반가움을 표현했다.

　드디어 쌀국수가 나왔다. 기름기도 어느 정도 있고 고기와 국물이 가득한 '포'였다. 마주 앉은 대표의 부인이 먹는 방법을 알려 주었다. 라임 정확히 말하자면, 칼라만시과 다진 마늘, 액젓 피시소스, 칠리소스, 식초 등을 취향에 따라 적당히 넣어 보라고 했다. 우리는 갖은 양념을 넣지 않은 상태에서 국물을 한입 먹고 그 맛을 음미했다. 여태껏 먹어 본 '포'의 맛과는 전혀 달랐다. 프랑스 파리에서 먹던, 한국에서 먹던, 그리고 그 전날 먹었던 '포 10'의 쌀국수 맛과도 달랐다. 조미료의 맛은 전혀 없이 집에서 정성껏 우려낸, 기름기가 적당한 깊은 맛의 곰탕 같았다. 한국에서 즐기는 '포'는 기름기가 전혀 없이 조미료 맛이 강한 경우가 많다. 호찌민에서도 보다 맑고 담백한 야채 국물을 이용하는데, 하노이의 것은, 그리고 3대째 전통의 맛을 고집하는 이곳의 맛은 깊은 풍미가 느껴졌다. 다음으로 우리는 라임과 액젓, 다진 마늘을 약간씩 넣어 맛을 조정한 후 '게 눈 감추듯', 너무 맛있게 먹었다. 보양(?)한 느낌이었다.

　먹으면서 우리는 많은 이야기를 나누었다. 대학 동기 동창인 대표 부부는 아직 30대도 안 되었지만, 가업을 이어 '포씬Pho THIN'을 운영하고 있다고 했다. 우리도 우리가 고등학교, 대학교,

대학원 동창이라면서 서로의 비슷한 처지를 얘기하며 즐거워했다. 가게와 가정집이 연결되어 있는 이곳은 새벽부터 밤 10시까지 가게를 운영할 수 있다고 한다. 새벽에는 시어머님이 나오셔서 육수를 우리시고 아침 장사를 하신 후, 오후부터 밤 10시까지는 본인들이 가게를 운영한다고 했다. 우리는 이렇게 맛있고 3대째 가업을 잇는 멋진 스토리도 있는데, 홍보가 덜 된 것 같다고 질문을 했더니, 대표 와이프의 넋두리가 시작되었다. 현재 하노이에는 두 개의 '포씬'이 있는데서로 원조경쟁이 있는 듯했지만, 자세히 묻지는 않았다, 다른 '포씬'과 가맹점을 맺은 한국 기업이 지금 한국에 '포씬 1호점'을 낼 준비를 하고 있다고 했다. 그러면서 그 한국 기업에 보낸 '상호……(?) 이메일' 등을 보여 주며 아쉬움을 호소(?)했다. 고속성장 한가운데 있는 국가라 모든 산업이 급격히 확대되고 있다. '음식'도 예외는 아닌 듯하다. 또한 이러한 '노포'들의 '원조' 경쟁은 과거 한국의 사정과도 비슷해 보였다. 생계를 위해 어렵게 시작하여 대를 이어 오면서 '음식가업'이 기업화되는 과정에 벌어지는 부작용인 듯 싶었다. 젊은 부부 대표의 안타까운 이야기와 처음으로 접한 오젠틱한 하노이식 '포' 맛의 그리움이 돌아서는 발걸음을 무겁게 했다. 하지만 그래도 가 보고 싶었던 곳을 우연이라도 발견할 수 있었던 행운에 다시 한번 감사하며 숙소로 돌아왔다.

• 또 다른 포씬(Pho THIN)

다음 날 호텔^{소피텔} 컨시어지로 가서 또 다른 '포씬'을 가는 길을 문의했다. 그러고는 호안끼엠 호수 근처의 '포씬'과 '로독^{Lo Duc}' 근처에 있는 '포씬' 중 어디를 추천하는지 물었더니, '로독 포씬' 이 진짜라고 했다. 어제 젊은 대표 부부를 떠올리며, 그들이 하는 쌀국수집을 호텔에서 추천하지 않는 연유가 무엇인지 궁금하기 도 했다. 다행히 호텔에서 걸어서 갈 수 있는 거리였다. 20여 분 걸어 다다른 '포씬^{Pho THIN}'은 1층으로 되어 있는데, 이미 많은 사람들로 붐벼 있었다. 앉아서 먹는 시간에도 10여 명의 단체 중국 관광객들이 방문해 넓지 않은 1층 매장이 더욱 가득 찼다. 이런 모습만 보아도 이곳 '포씬'이 더 알려져 있는 것 같았다. 두 그릇

▸ 또 다른 포씬(Pho THIN)의 입구와 쌀국수 포(Pho)

을 주문해서 우선 서빙 된 쌀국수의 모습을 살펴보았다. 전날 맛본 '호안끼엠 포쎈'의 것과 비슷하게 기름기도 많고, 초록 빛깔의 향채와 파도 가득 덮여 있었다. 호찌민이나 우리나라에서 먹는 쌀국수처럼 숙주나 고수, 바질, 민트, 호이신 소스, 칠리소스 등을 넣는 대신 '티라^{우리나라 '파' 같은}'가 훨씬 많은 것이 특징이다. 처음 서빙 받았을 때 국물 한입, 라임을 1개 짜 넣고 또 한입, 나는 두 개 남편은 네 개의 라임을 짜 넣고 맛을 다시 보았다. 라임은 짠 듯싫은 육수의 맛을 잡아 주는 역할을 한다. 그리고 다시 다진 고추와 마늘소스를 조금씩 가미해서 마지막으로 맛을 본 후 내 입맛에 맞는 국물을 완성한 후 본격적으로 먹기 시작했다. 꼭 우리나라 '하동관'의 맑고 담백한 곰탕 맛이었다. 기름기는 많지만 파와 향채가 가득해서 전혀 느끼하지 않고 깊은 맛을 내면서 맑다. 집밥의 느낌이 들어 하루 세끼를 쌀국수로 채워도 건강한 느낌을 잃을 것 같지 않았다.

하노이에서는 '꿰이^{Quay}'라는 꽈배기 같이 생긴, 하지만 달지 않은 튀긴 빵을 쌀국수 국물에 불려 먹는다. 그냥 먹었을 때는 아무런 맛도 잘 느낄 수 없었는데, 국물에 담가 촉촉해지는 순간에 먹으니 스며든 국물의 맛과 부드러워진 식감이 어우러져 먹는 즐거움이 배가되었다. 이 또한 전쟁과 같은 어려운 시절 부족한 식량을 대신하는 음식이었다고 한다. 우리가 곰탕이나 설렁탕에 밥

▶ 쌀국수와 꿔이

이외에도 국수를 넣어 모자란 듯한 배를 더 채우는 것처럼, 베트남에서도 전쟁 이후 조미료만으로 국물을 우려내어 '꿔이' 같은 빵이나 찬밥을 말아 먹었다는 얘기도 있다.

다채로운 색깔과 식감을 가진 음식, '분짜(Bun Cha)'

분짜는 촉촉한 생면'분'이라고 불림과 숯불에 구운 양념돼지고기'짜'를 달달하게 만든 느억맘 소스베트남 액젓에 찍어 먹는 음식이다. 눈으로만 보아도 분짜는 화려하다. 다채로운 색깔과 향을 가진 야채들, 숯불 향이 가득한 달콤하고 짭조름한 맛의 삼겹살과 완자,

163

그리고 달달한 감칠맛 가득한 소스는 환상의 조화이다. 각 재료가 지닌 다양한 식감과 다른 맛들이 한데 어울리며 조화를 이루는 이 맛은 어느 누구나 좋아할 듯하다. '분bun'은 '포Pho'보다 가는 쌀국수로 우리로 치면 중면이나 소면에 가깝다. 초록의 향채와 구운 삼겹살, '분'을 느억맘 소스에 담가 한꺼번에 먹어야 한다. 그래야 서로 다른 식감과 맛을 느끼며 목을 넘기는 순간까지 서로 섞이며 변하는 맛을 즐길 수 있다. 우리의 삼겹살 쌈과 같다고나 할까? 하지만 달달하고 입에 딱 달라붙는 듯한 느억맘 소스의 감칠맛에 중독성이 더 강한 듯하다.

▶ '분짜 홍리엔'의 분짜

▶ 오바마 사진이 있는 '분짜 홍리엔'

'분짜 홍리엔bun cha Huong Lien'은 그 상호에서 이미 알 수 있듯이 분짜로 유명한 식당이다. 이곳은 이미 기업화된 듯했다. 5층 가까이 되는 건물에 손님들이 가득했다. 우리는 오바마 대통령이 머물렀다는, 그래서 그의 사진이 걸려 있는 3층에 자리를 잡고 분짜를 주문했다. 한국인들은 물론 중국인, 일본인 단체 관광객들과 서양인들도 많았다. 현지 베트남인이 맛집을 소개하느라 데리고 온 서양 손님들도 꽤 눈에 띄었다. 마치 우리나라의 '명동칼국수'가 관광지화되어 내국인들보다 외국인들이 많은 것과 같았다. 약간 관광화된 것에 대한 두려움맛이 조금 떨어지지 않을까? 상업화되어 본연의 맛을 즐길 수 있을까?이 있었는데, 역시나 한 번에 반할 수 있는 맛이었다.

하노이의 또 다른 소울푸드 '차카(Cha Ca)'

한국인들에게는 아직까지 생소한 베트남 음식이 '차카^{Cha Ca}'이다. 하지만 차카는 'CNN travel' 등 외국 채널에서 방영하는 여행 프로그램에서 빠지지 않는 베트남 음식 중 하나이다. 더구나 베트남 하노이에는 '차카 거리^{Cha ca St.}'가 있을 정도로 '차카'는 하노이인들에게 사랑을 받는 소울푸드이다. '차카'는 홍강^{紅河}에서 잡히는 우리의 '가물치'와 비슷한 민물고기 이름이다. 두툼한 생선살만 발라서 칼칼한 양념에 재운 후 석쇠에 굽고 기름에 튀긴 상

▸ 차카 거리

▸ 차카

태로 손님에게 제공된다. 생선튀김들과 파채, 미나리 같은 '딜'이라는 향채, 고추, 땅콩 그리고 느억맘 소스, 삶아진 쌀국수 분^{bun}들이 나오면 프라이팬에 직접 조리해서 먹는다. 프라이팬에 초벌로 튀겨진 생선튀김들, 즉 차카와 파를 얹은 후, 파의 숨이 죽으면 차카와 파를 건져 땅콩과 쌀국수와 싸서 느억맘 소스에 찍어 먹는다. 차가운 정도는 아니나 쌀국수와 소스의 시원한 맛과 뜨거운 생선살, 숨이 죽은 향채의 느낌이 어우러져 음식 간의 온도차가 입안에서 상쇄되는 듯하다. 시원한 소스에 적셔져 쫀득한 생선살의 식감이 더 살아난다. 기름에 이미 튀겨져 나오고 이를 다시 프라이팬에 볶아도 소스의 맛에 의해 느끼함이 전혀 없다. 거기에 소면 같은 쌀국수와 땅콩이 어우러져 고소하다.

방문했던 차카 전문점 차카 탕롱Cha Ca Thang Long도 싱가포르의 방송 '채널아시아' TV 프로그램을 보고 방문한 곳이다. 이곳의 대표가 TV 프로그램 진행자와 차카 거리를 다니며 '차카'에 대한 유래와 관련된 스토리를 전해 주었다. 그런데 TV에서 본 그 대표가 직접 조리를 해 주며 먹는 법을 알려 주니 TV를 통해 알게 된 많은 이야기들이 더 실감나게 느껴졌다. '차카'는 하노이인들 사이에서 '죽기 전에 먹어 보아야 하는 음식["The Hanoian has a saying that someone has to try this dish once in life before leaving this world" Globe_trekker, 2004]'이라는 이야기가 있을 정도로 베트남 하노이의 또 하나의 소울푸드이다.

베트남식 비빔쌀국수 '분보' 또는 '보분'

프랑스 파리에는 쌀국수집이 많다. 특히 13구 차이나타운에는 쌀국수 거리가 있을 정도이다. 베트남이 프랑스 식민지였고, 1970년대 초 전쟁으로 인해 갈 곳 없었던 '보트피플'들은 프랑스로 많이 이주했다. 베트남인들은 유교적 문화 전통으로 인해 교육열이 강하고 부지런하다. 그래서 그들은 쌀국수집을 열어 생계를 이어 갔고 2세들의 교육에 힘쓴 결과 의사나 공무원, 교수 등 프랑스 내에서 훌륭하게 자식들을 키워 냈다. 프랑스 파리에 살아 본 한

국인들 중에는 프랑스에서 먹어 본 쌀국수가 가장 맛있다고도 한
다. 그만큼 오젠틱Authentic 하게 느껴져서 그런 것 같다.

　나에게도 프랑스 파리에서 처음 먹어 본 베트남식 비빔국수
'보분Bo Bun' 맛의 기억이 있다. 달달한 맛을 좋아하는 나는 베트
남식 비빔국수의 맛을 프랑스에서 처음 접하게 되었고, 그 후 '분
보'의 팬이 되었다. 특히 시내에 있는 '송흥Song Heung'에서 맛본 보
분 맛은 잊을 수 없다. 한국에 돌아와 이 보분을 맛보고 싶었는데
찾기가 어려웠다. 몇 년 전 호찌민에 방문했을 때도 만나기가 어
려웠다. 그런데 이 '보분'이 베트남 하노이에서는 '분보Bun Bo'로
불리며 유명한 식당이 몇 곳 있었다. 상추와 고수를 깔고, 숙주를
넣고 쌀국수 '분Bun'을 가득 담은 후 얇게 썬 소고기 혹은 달달하

▶ 파리 '송흥'의 보분(Bo Bun)(좌), '분보남보'의 분보(Bun Bo)(우)

게 구운 삼겹살, 완자 등을 그 위에 가득 얹고 고소한 땅콩과 튀긴 마늘을 가득 뿌린 후 상큼하고 달달한 느억맘 소스를 뿌려 비벼 먹는 것이 '분보'이다. 재료나 달달한 느억맘 소스 등은 거의 '분짜'와 같다. 분짜에 들어가는 재료들을 잘게 썰어 한 볼^{Bowl}에 담아 소스를 뿌려 먹는 방식이 '분보'라고 할 수 있다. 파리에서 먹는 '보분_{프랑스에서는 '보분'이라고 불림}'에 비해 야채의 양이나 종류는 그리 많지 않았다. 숙주와 무절임 약간, 고수, 땅콩가루 등이 쌀국수 위에 올라가 있다. 쌀국수 아래에는 느억맘 소스와 숯불에 구운 고기, 상추, 민트 등이 깔려 있었다. 이를 우리나라 간장비빔국수 먹듯 비벼서 잘 섞어 준다. 전체의 조화된 맛은 역시 분짜와 유사하다. 하지만 먹기에는 훨씬 간편하다. 면과 고기, 야채 등의 맛의 조화를 느끼기에도 편리하게 되어 있다. 가볍고 건강한 맛이다. 그래서 분보 한 그릇과 사이공맥주 한 병을 먹어도 속이 버겁지 않다. 먹고 나서도 속이 편하다.

베트남의
비어(Beer)

베트남 정부에 의하면, 2014년 베트남의 맥주 총 소비량은 3억 리터로 동남아 최대라고 한다. 베트남은 아시아 국가 중에서는 일본, 중국 다음으로 맥주 소비량이 많은 국가이다. 이는 음주 및 술자리를 사회생활의 윤활유로 여기는 베트남인들의 문화도 한 몫하고 있다. 과거 우리나라와 유사하게 베트남에서도 원활한 비즈니스나 네트워킹, 팀워크 등을 위해서는 술자리를 가져야 한다고 생각하는 경향이 있다. 술을 통해 서로에 대한 연대감을 형성한다는 생각이 있어 한마디로 '베트남은 술을 권하는 사회'이다. 이렇게 주류에 대해 관대한 문화와 함께 저렴한 맥주 가격 정책, 두꺼운 젊은 인구층으로 인해 베트남은 글로벌 맥주 회사들의 주요 관심국이다. 하지만 베트남에서는 하이네켄이나 각종 수입 맥주보다도 '사이공^{2013년 기준 시장점유율18%}', '비어 333^{15%}', '하노이^{14%}' 등 로컬맥주들이 강세이다. 더구나 베트남 여행 '끼니공식'

▶ 하노이 비어(HANOI Beer)(좌), 비아 사이공(Bia SAIGON)(우)

에도 나와 있듯이 저녁에 즐기는 '비아호이^{Bia Hoi}', 즉 생맥주도
많은 사랑을 받고 있다. '비아호이'는 보리가 아닌 쌀, 옥수수, 칡
등 비교적 값이 싼 현지 원료로 만들어진 소규모 양조장 맥주로
거리 노점이나 현지 식당에서 잔^{glass, 글라스}으로 판매하고 있다. 가
격도 한화 500원 남짓하여 현지인들에게는 물론 해외 여행객에
게도 단연 인기이다. 베트남 사람들은 이 생맥주에 얼음을 타서
밋밋하게 희석해서 마치 물처럼 마신다. 비아호이 장소는 하노이
구시가지[타히엔^{Ta Hien} 거리] 외에도 주거지역의 조그만 골목 곳

곳에 깊숙이 위치해 있어 마치 우리나라의 동네 포장마차 혹은 일본의 뒷골목 이자카야처럼 서민들의 애환을 달래는 곳처럼 보인다. 베트남 노천카페와 같이 목욕탕에서나 사용하는 플라스틱 의자와 낮은 테이블에 모여 앉아 시간 가는 줄 모르게 대화를 이어 간다.

베트남의 대표적인 맥주는 '비아 사이공Bia SAIGON', '하노이 비어HANOI Beer', 그리고 '비어 333Beer 333'이다. 이 외에도 '후에' 지역의 '후다Huda' 맥주, '다낭'의 '라루Larue' 맥주 등 다양한 지역 맥주들이 있다. 우리나라에서 지역별 '소주'가 있듯이, 남북으로 길게 뻗은 베트남에서는 '지역별' 맥주가 대세다. 그래서 하노이에서는 '비아 사이공'과 '하노이 비어'만을 접할 수 있었다.

혹여 식당에서 '비어 333'을 문의하면 '맛이 없다'며 팔지 않는다고 한다. 이렇듯 하노이를 여행하다 보면 '비어 333'은 생각보다 접하기가 쉽지 않았다. 웬만한 식당에서는 주로 '사이공'과 '하노이' 맥주만이 제공된다. 그래서 우리는 결국 하노이를 떠나는 날 출국장 편의점에서 '비어 333'의 맛을 볼 수 있었다. 입안의 위에서만 맛이 잠시 머물렀다 사라지는 느낌에다가 쓴맛이 많이 나서 개인적으로는 좋아하는 맛이 아니었다. 다른 것에 비해 알코올 도수도 높은 듯했다비아 사이공 4.9%, 비어 333 5.3%. 동남아시아 맥

▶ 공항에서 마신 333

주들과 다르게 씁쌀하고 무거운 듯 청량감이 많이 떨어지는 맛이었다. 하지만 '비어 333', 베트남어로 '바-바-바'로 불리는 이 맥주는 비교적 역사가 오래된 남부 호찌민의 맥주다. 베트남이 프랑스의 식민지였던 1893년 프랑스에 의해 독일의 원료로 탄생했는데, 처음 론칭할 때의 이름은 '33' 맥주였으나, 약 100년이 지난 1975년에 '3'을 하나 더 붙여 '333'이 되었다고 한다. 1994년에는 미국시장에 진출하여 동남아 맥주로 많은 인기를 얻고 있어 베트남의 효자 수출 품목이다. 아마도 이러한 이유로 내수시장에서는 비교적 보기가 힘든 것 같았다.

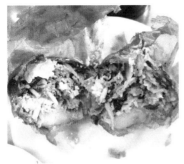

▶ 넴란과 하노이 맥주

　　베트남의 간판 맥주인 '비아 사이공Bia SAIGON'은 약간 씁싸래
하면서 무겁지는 않은 맛이 특징이다. 동남아 맥주의 공통적 특
징인 '홉의 쓴맛보다는 적당한 청량감'을 느낄 수 있는 기분 좋은
맛이다. 그래도 홉의 쓴맛과 쌀의 고소한 맛이 잘 어우러져 청량
감만 있고 밋밋한 우리나라의 맥주보다는 풍미가 있다. 반면, '하
노이 비어'는 베트남 북부 지역 맥주로 하노이에서 가장 쉽게 접
할 수 있다. 베트남 무더위에 맞는 깔끔하고 시원했던 맛으로 탄
산의 느낌이 강한 편이라 터프하지만 맛은 전형적인 라거 스타일
의 맥주이다. 특히 분짜나 분보를 먹을 때는 숯불 돼지고기와 넴
란Nem Ran, 스프링롤을 튀긴 것 등 기름진 것이 있어 탄산의 맛이 강한 하
노이 맥주가 잘 어울리는 듯하다.

프렌치 인(in)
베트남 하노이

소피텔 레전드 메트로폴 하노이 호텔
(Sofitel Legend Metropole HANOI)

2007년 꽁데 네스트 트래블러 잡지를 통해 아시아에서 가장 좋은 호텔 2위로 선정된 '소피텔 메트로폴'은 1901년 프랑스 식민 시대에 건축되었다. 현재의 정확한 명칭은 '소피텔 레전드 메트로폴 하노이 Sofitel Legend Metropole HANOI 이다. 소피텔 계열 중 '레전드' 라 일컫는 호텔은 전 세계에 5개밖에 없다. 보존 가치가 있고 역사적으로 다양한 이야기가 있는 '현지의 보석 같은 곳'들만을 골라 '레전드'의 이름으로 운영하고 있는데, 소피텔 메트로폴이 그 중 하나다. 건축 당시 이름은 '메트로폴métropole * 하노이'로, 하노이

---

* 영어로는 메트로폴리스(Metropolis), 즉 '주요 도시', '대도시'를 의미.

가 그 당시 '메트로폴리탄^{Metropolitan}' 역할을 하고 있었음을, 그리고 이 호텔이 동남아시아의 전설적인 랜드마크 역할을 했음을 짐작하게 한다. 베트남 공산주의 정부 시절에는 '통나 호텔'로 잠시 그 이름을 잃은 적이 있었으나, 1987년 프랑스 아코르^{Accor} 그룹에 인수되면서 '메트로폴'이라는 이름을 되찾게 되었다. 유명 배우인 찰리 채플린의 신혼여행 장소이기도 했으며, 그 전통과 명성에 맞게 전 세계 유명 정치가 및 셀럽들의 방문이 끊이지 않는 곳이다. 우리에게는 '2019년 2차 북미회담의 장소'로도 유명하다.

지금의 화성 여행과 같은 특권층만의 여가생활: 여행 그리고 호텔

19세기 산업혁명과 교통수단^{열차 등}의 발달, 식민지 개척을 통한 서구 열강들의 영토 확장정책(?)은 '여행'이라는 새로운 삶의 방식을 촉발했다. 그러면서 당시 '여행'은 풍요로운 계층만이 누릴 수 있던 여가생활이자 특권이었다. 지금의 '화성^{혹은 달} 여행'을 시도하는 것과 같이 아무나 할 수 있는 것이 아니었다. 이러한 특권층들만이 누리는 삶의 방식을 위해 탄생한 것이 '호텔'이다. 구^舊 '메트로폴 하노이'가 지어진 그 당시의 '호텔'은 도시의 건설 시기와 산업화가 맞물려 새로운 건축, 통신기술, 최첨단 설비의 정수^{극치}를 맛볼 수 있었던 곳이다. 또한 당시 '호텔'은 신분 상승

First label of the
hotel, and a set of
historic room keys.

▶ 20세기 초 '메트로폴 하노이'의 광고들: 전기사용, 욕실이 딸린 화장실 등을 홍보하고 있음

을 꿈꾸는 야심가와 자본가, 당대 유명 정치가 등 소위 '슈퍼 리
치Super Rich'라 불릴 수 있는 유럽 부르주아들의 '사교의 장場'이었
다. 그래서 지금은 별거 아닌 것처럼 보이는 '전화 사용이 가능한
객실', '엘리베이터로 층간 이동', '객실 내 전기 사용', '수세식 화
장실과 욕실을 겸비한 객실' 등은 당시에는 센세이션을 일으킬
중요한 요소였다. 당시 그러한 여행 열풍에 힘입어 '루이비통Louis
Vuitton' 여행용 트렁크도 인기를 얻어 사업이 번창했고, 지금의 독
보적인 럭셔리 브랜드가 된 것을 보면 당시 많은 유럽 부호들에
게 여행이 그들의 시대적 로망이었음을 알 수 있다. 또한 그러한
유럽 부호들을 유치하기 위해 펼쳤던 호텔의 차별화된 독특한 전

178

략들이 무엇이었는지도 이곳 '메트로폴 하노이'에서 그 당시 제공되던 최첨단 서비스 리스트로 짐작할 수 있었다.

소피텔 메트로폴 하노이는 유네스코 보존지 UNESCO Asia-Pacific Awards For Cultural Conservation 2013 로 선정된 곳이다. 문화유산으로 보존 가치가 큰 곳이기 때문이다. 그 가치에 맞게 그들만의 이야기도 많아 보였다. 그래서 우리는 하노이 2일 차에 호텔 투어를 했다. 매일 오후 5시면 신청자에 한해 제공하는 호텔의 서비스다. 프랑스 문화답게 차곡차곡 정리하고 쌓아 만든 그들만의 역사와 스토리를 전달하는 서비스다.

소피텔 메트로폴 하노이에는 크게 신관과 구관 건물이 있다. 구관 건물에는 'Path of History'라는 홀Hall이 있는데, 이곳에는 이 호텔의 긴 역사와 다양한 에피소드를 설명해 주는 안내판들이 전시되어 있다.

지난 2천 년간 하노이의 명칭은 어떻게 변해 왔었는지, 호텔은 언제 지어졌고 그동안 이곳을 거친 호텔 지배인들은 누구였는지, 100여 년 동안 이곳에서 제공된 차별화된 서비스는 무엇이었는지. 그동안 이곳을 다녀간 셀럽들은 누구였는지 등 도시 하노이를 그리고 메트로폴 하노이를 잘 이해할 수 있게 안내하고 있다. 이곳에 대해 아는 것이 많아지는 만큼, 이해의 폭이 넓어지면 넓어질수록 나는 '이 호텔을 아주 특별하게 생각하며 사랑하게 되는 것' 같았다. 역시 브랜드 스토리 전략의 힘이다. 다양한 스토리 외에도 프랑스인들답게 호텔 오픈 당시 사용하던 식기와 포크, 방 열쇠, 사진첩 등의 여러 소품들도 소중히 전시해 놓았다. 이것을 보는 순간 파리에서 열린 '루이비통 전시회'가 떠올랐다. 처음으로 루이비통 전시회에 갔을 때 놀란 것 중 하나가 지난 100여 년 동안 루이비통이 사용했던 영수증, 발주서, 편지 등이 전시물로 걸려 있었던 것이다. 처음에는 '뭘 이런 것도 전시를 하나' 하며 프랑스인들의 꼼꼼함과 쪼잔함(?)에 코웃음을 쳤다. 하지만 그러한 것들이 쌓이고 쌓여 훗날에는 남이 가질 수 없는, 쉽게 모방할 수 없는 스토리로 강력한 경쟁력을 갖는다는 점을 알게 되었다. 호텔 투어 코스에는 호텔 지하에 있는 '방공호'도 포함되어 있다. 야외 바^{Bar}를 공사하면서 발견된 방공호^{Shelter}는 새삼 베트남이 어떤 나라였는지를 깨닫게 했다. 베트남은 아직도 공산당이 지배하는 사회주의국가이고, 과거 미국과 전쟁을 했던 나라이다. 베트남 전쟁에서 미국이 패하고 철수하면서 생겼던 '보트피플'과 '전쟁의 참상'을 그린 사진들은 우리 어린 시절에 반공교육을 받으면서 수없이 접했던 것들이다. 아시아 최고의 호텔 중 하나인 이곳에서 그런 기억을 떠올릴 장소가 있고, 그곳을 직접 들어가 전쟁의 모습을 상상하게 될 줄은 생각도 못 했었다. 우린 안전모(?)를 쓰고, 지하로 내려가 방공호 안에서 그 당시 폭격기의 소리

▶ 메트로폴 전시품(좌), 호텔 내 방공호 안내 표지판(우)

를 들으며 잠시나마 베트남의 아픈 역사를 경험하는 시간을 갖게
되었다. 아픔의 시간과 장소를 베트남 최고 럭셔리 호텔 지하에
그대로 보존하고 있다.

Chapter 6

▼
▼

캄보디아
씨엠립

캄보디아
비어와
누들

캄보디아 씨엠립 공항에 내려 제일 먼저 눈에 띈 것이 프랑스 정유회사 '토탈^{TOTAL}' 주유차였다. 여행 콘셉트 중 하나가 인도차이나 3국에서 '프랑스의 흔적을 찾는 것'이라 그런지, 프랑스 석유회사 '토탈^{TOTAL}' 브랜드가 가장 먼저 눈에 들어왔다. 역시 보고자 하고 찾고자 하면 뭐든 보이는 것 같다.

입국 심사대를 통과하면 바로 정면에 있는 커다란 디지털 광고판 5개를 볼 수 있다. 그중 3개만 운영이 되고 있었는데, 2개는 아직 광고 스폰서를 구하지 못한 것으로 보였다. 3개 광고 중 2개가 맥주^{Beer} 광고로, 바로 크메르 맥주와 타이거 맥주 광고였다. 캄보디아의 주요 산업 중 하나가 맥주 분야가 아닌가 하는 생각이 들었다. 지금까지 다닌 다른 국가들은 대체로 핸드폰이나 전기·전자 제품 브랜드 광고였는데, 캄보디아는 맥주 광고가 다였다. 그 나라의 경제 수준을 반영하는 공항 내 광고판. 맥주의 맛이 기대됐다.

공항에서 나오면 택시이용권을 사야 한다. 관광객들에게 바가지요금을 씌우는 행위를 방지하기 위한 방책인 듯하다. 생각보다 많은 택시들이 대기하고 있어 기다리지 않고 바로 탈 수 있었다. 택시기사는 우리를 호텔까지 데려다주면서 저녁에 우리가 이동할 곳들을 책임져 주겠다며 계속 큰 소리로 말을 걸었다. 그러면서 본인 핸드폰에 깔린 '카톡'에 우리 카톡 아이디를 넣어 달라고 했다. 한국인 손님이 많았나 보다. 카톡까지 다운로드 되어 있는 거 보니 우리가 가고자 하는 레스토랑과 마켓 등을 알려 주며 비용이 얼마인지 물어보았더니, 꽤 비싸게 부르는 거 같았다. 나중에 호텔에서 부른 '그랩Grab*'에 지불했던 비용과 비교해 보니 5배 이상의 요금을 요구했던 것이다. 동남아시아 여행 중 '그랩공유차량서비스' 이용은 열악한 교통인프라 문제를 쉽게 해결해 준다. 가격도 현지 물가 수준이라 저렴한 편이고, 주로 영어를 구사할 수 있는, 그리고 현지에서 자동차를 소유할 정도의 재력가(?)들이 운영하는 것이라 서비스도 매우 좋다.

캄보디아, 맥주를 많이 마시는 게 애국

캄보디아인들은 헤비드링커Heavy-Drinker 들이다. 낮은 주세酒稅 와

---

* '우버(Uber)'와 같은 동남아시아의 공유차량서비스

음주 허용 연령 등은 '술'에 대한 접근을 쉽게 한다. '술'을 많이 마시면 '세금을 많이 내는 것*'이라며 '애국'이라 하기도 한다. 그래서 주류 회사의 광고가 이 나라에서 볼 수 있는 가장 크고 쉽게 접하는 광고 중 하나이기도 하다.

캄보디아에서 유명한 맥주는 '앙코르 비어Angkor Beer', '캄보디아 비어CAMBODIA Beer', '크메르 비어Khmer Beer'이다. '캄보디아 비어'는 수도 프놈펜에서 생산된다. '앙코르 비어'는 이름에서도 알 수 있듯이 유적지 '앙코르와트'가 있는 씨엠립에서 생산되는 맥주다. 실제로 앙코르 맥주병에는 앙코르와트 모습이 붉은색과 금색으로 디자인되어 있다. 맥주를 통해 캄보디아의 유적과 문화정체성을 알리고 홍보한다. 병의 디자인이나 색상은 매우 현지화되어 있는 듯하나, 맛은 세계 어느 맥주에 겨룰 만하다. 앙코르 비어를 생산하는 캠브루Cambrew Ltd는 캄보디아 정부가 1960년에 프랑스의 기술을 차용하여 설립한 맥주 회사다. 그리고 현재는 캠브루의 50% 지분을 글로벌 맥주 회사 '칼스버그'가 가지고 있다. 맥주 맛이 글로벌 수준급인 것은 아마도 맥주 제조의 국제적 기술이 최대한 반영되었기 때문인 듯하다. 앙코르 비어는 1996년에 출시

---

* The Cambodian government wants you to keep drinking; Cambodian Prime Minister Hun Sen encouraged his countrymen to drink more beer (and thus pay more taxes) "to pay the salaries of teachers, doctors and civil servants such as the armed forces." (https://trustbuilding.wordpress.com/2012/09/02/beer-and-development/)

▶ 구시장, 펍 스트리트

▶ '0.5달러 생맥주' 광고

▶ (왼쪽부터) 캄보디아 비어, 앙코르 비어 엑스트라 스타우트, 앙코르 비어 라거

된 맥주로 캄보디아에서는 가장 잘나가는 맥주다. 종류는 라거와 엑스트라 스타우트가 있다. 더운 날씨 탓에 풍미가 진한 맛의 '스타우트'보다는 가볍고 시원한 '라거'에 끌렸다. 역시나 기분 좋은 적당한 청량감과 탄산의 느낌은 더운 날씨의 지친 기운을 싹 없애 준다. 쓴맛이나 홉의 향을 느끼기는 어려웠지만, 누구나 소화하기 쉽고 가볍게, 그리고 부담 없이 즐길 수 있는 맛이다. 반면, 캄보디아 비어^{라거}는 무더운 날씨에 음료처럼 한잔해도 좋을 정도로 앙코르 맥주에 비해 더 시원하고 상쾌하고 가볍다. 라이트^{light} 하면서 마일드^{mild} 한 쓴맛이 있지만 절대 자극적이지 않다.

코끼리 그림이 있는 크랑Klang Smooth은 캄보디아 다른 맥주들보다 좀 더 강한 페일 라거pale lager, 체코 필스너 스타일의 맥주이다. 'Extra strong and extra smooth'를 캐치프레이즈로 내세운 맥주로 캄보디아의 앙코르 맥주와는 다른 차원의 캄보디아산 맥주다.

캄보디아 현지식 파인다이닝 레스토랑 '스푼Spoons'에서 마신 인도친 비어Indochine Beer는 에일Ale 종류의 동네 수제맥주였다. 그런데 그 성분에 '고수'도 포함되어 있어 이곳 음식과도 잘 어울리는 듯했다. 수제맥주인 만큼 풍미가 가득 차서 그 자체로 즐기는 것도 좋았다.

▶ 크랑 비어

▶ 인도친 비어

씨엠립의 명소 중 한 곳은 '펍 스트리트Pub Street'이다. 구시장Psar Chaa, Old Market 가까이에 있어 함께 둘러보면 좋을 듯했다. 해가 진 후의 캄보디아 날씨는 선선하다. 그래서 거리 어느 카페든 야외 코너가 있고 이러한 곳에 앉아 관광객들과 노점상들의 여러 퍼포먼스를 즐기는 재미도 쏠쏠했다. 여기저기 카페에서 흘러나온 댄스음악과 생음악을 하는 무대도 있어 거리 전체가 클럽을 연상시킨다. 네온사인 맥주 광고들과 장식된 조명들의 컬러도 붉은색으로 가득하여 '열광의 도가니' 같은 느낌도 났다. 더구나 0.5달러의 생맥주 가격은 유럽은 물론 아시아 모든 관광객들에게 맥주에 대한 소비를 끊임없이 자극할 정도이다.

돼지육수로 만든 DIY(Do It Yourself) 국수

캄보디아 씨엠립에서의 일정은 앙코르 유적을 돌아보느라 특별히 시간을 내어 현지 '국수집'을 찾아갈 수 없었다. 더구나 이틀간 현지 한국 여행사의 도움을 받아 이동하는 여행이라 두 번의 점심도 예약된 식당을 이용해야 했다. 그래서 솔직히 캄보디아의 국수문화는 우리가 머문 소피텔의 아침 식사 때만 접할 수 있었다. 하지만 호텔에서 맛본 국수는 캄보디아의 전통국수일명 '꾸이 디오'를 가장 세련되게 그리고 맛있게 만든 업그레이드 버전이다.

맛도 있고 취향에 맞게 다양하게 변형해서 먹을 수 있는 관계로 우리는 3일 연속 두 그릇씩 즐겼다. 캄보디아 국수는 우리가 즐기던 여느 국수들과 달리 돼지뼈와 건해산물, 야채 등으로 육수를 낸 것이 특징이었다. 한국에서는 부산의 돼지국밥 이외에 돼지뼈를 잘 사용하지 않는 데 반해, 일본이나 동남아시아에서는 돼지뼈 육수도 많이 사용된다. 예를 들면 싱가포르에서 유명한 갈비탕인 '바꾸떼^{Bakute}'는 돼지 등갈비탕이다. 그런데도 비리지도 않고 냄새가 나지 않는 것을 보면 재료가 신선하거나, 후^後처리를 완벽히 해서 요리를 하는 거 같다.

돼지뼈로 만든 육수에 쌀로 만든 국수 등을 넣어 각자 취향에 따라 다양한 양념과 향신채, 고명을 얹어 먹으면 된다. 이때 빠지지 않는 것은 인도차이나 3국의 감칠맛의 비밀, 액젓^{피시소스}과 고수이다. 그래야 인도차이나에서 먹는 국수만의 특징을 느낄 수 있다. 그리고 다진 파와 기름에 튀긴^{마치 과자 같은} 마늘편, 라임, 설탕, 칠리파우더, 간장 등을 취향에 따라 넣으면 된다.

캄보디아의
정체성
(Identity)

'태국(Siam)을 물리친(Reap) 도시' 라는 뜻의 씨엠립

씨엠립Siem Reap은 캄보디아의 상징이자 대표적인 유적인 앙코르와트가 있는 도시다. 그래서 수도인 프놈펜에 비해 규모는 작지만 캄보디아에서 가장 유명한 도시가 씨엠립이다. 그리고 이곳에 있는 앙코르는 앙코르 유적을 만들어 낸 주인공인 '크메르족族' 왕국802~1431년의 중심 도시였다. 한때는 인구 100만 명의 100km²지금 서울의 1/6 크기인에 달하는 당시 기준으로는 '메가시티'였다고 한다. 600년 동안 번창하면서 인구가 늘고 각종 건축물이 들어섰는데 앙코르와트는 그 대표 건물이다. 그러나 흥망성쇠를 거듭하는 역사에 의해 앙코르 제국은 마침내 1431년에 타이족에게 앙코르를 빼앗기고 만다. 설說에 의하면 이때부터 앙코르 제국의 영화榮華와 그 영화를 상징하던 수많은 건축물들이 밀림 속에 묻

히고 말았다고 한다. 씨엠립Siem Reap 의 의미는 '태국Siam 을 물리친 Reap 도시'이다. 오랜 기간 동안 태국의 침략을 많이 받았던 곳으로 19세기 프랑스를 통해 태국으로부터 이양 받기 전까지도 태국의 영토였다. 그러한 역사로 인해 힌두교의 상징으로 지어진 앙코르 유적임에도 불상 등 불교 상징물들도 발견할 수 있다.

앙코르, 가치를 알아보는 이에 의해 재발견되다

씨엠립을 방문하기 전에는 '앙코르와트'라는 단일 유적만을 생각했다. 하지만 '앙코르'는 앙코르와트라는 사원 외에 앙코르 톰, 타프롬 사원 등 '유적들의 도시'였다. 실제로 12세기 무렵부터 동남아시아를 석권한 앙코르흑은 크메르 제국은 약 1,200개의 사원을 세웠다고 한다. 하지만 13세기부터 점차 쇠락의 길에 접어들면서 결국 15세기에 멸망하게 되었고, 그 화려했던 도시와 유적들이 정글 속에서 보호받지 못하고 묻혀 지냈던 것이다. 그나마 정글과 나무예. 만얀트리들로부터 보호 아닌 보호를 받으며 그 모진 세월을 견뎌 내고 프랑스인들에 의해 재발견되었다. 이후 프랑스 정부에 의해 복원과 보존 개발이 이루어지면서 세상에 알려지게 되어 '앙코르와트'와 '앙코르 톰'은 물론 앙코르라는 도시가 큰 명성을 얻게 된다.

태국의 타이족에게 빼앗긴 후 프랑스에 의해 이양 받기 전까지 '앙코르' 지역은 태국은 물론 캄보디아 어느 누구의 보호를 받지 않고 수백 년간 잊힌 도시였다. 수백 년의 시간 동안 누군가에 의해 '앙코르의 가치'를 인정받지 못하고 방치되었다는 것이 아이러니할 뿐이다. 그런데 이제 와서 태국조차도 앙코르 문화에 대한 소유권(?) 혹은 연고緣故권을 주장한다고 하니 프랑스 압력에 의해 이곳을 이양한 것이 아직도 아쉬운 듯하다. 하지만 보석을 알아보고 이를 가치 있게 만들고 타인의 공감을 얻어 귀하게 보존하는 자만이 소유할 권리가 있지 않나 싶다.

앙코르 톰(Angkor Thom), 바욘 사면상 미소의 의미

앙코르 제국의 마지막 수도 앙코르 톰은 한 변이 3km에 달하는 성벽으로 둘러싸인 정방형 도시 유적지이다. 당시 이 도시에 100만 명이 살았을 정도로 번화했을 것이라 추측하고 있다. '위대한 혹은 거대한 도시'라는 뜻의 이 성곽 도시 중심에는 바욘The Bayon 사원이 있다. 이 사원에 들어서면 '앙코르의 미소'라 불리는 '탑에 새겨진 거대한 얼굴들'을 볼 수 있는데, 이곳의 하이라이트라 할 수 있다. 탑마다 동서남북 네 개의 면에 같은 얼굴이 새겨져 있는 사면상이 있는데, 이는 한 사람인 듯한데 각각의 표정과 미

▶ 바욘(The Bayon)사원의 사면상 미소

소 들이 하나같이 다 다르다. 정교한 석상과 부조들로 만들어진 사면상들을 보며 '그가 누구인지?', '왜 저런 표정을 하는지?', '어떻게 거대한 돌들을 쌓아 올렸는지?' 궁금증을 풀어 가다 보면 시간 가는 줄도 잊는다. 사면상이 만들어진 당시는 그리 평안한 세상의 모습은 아니었을 텐데 모두들 해탈한 듯한 온화한 표정들을 담아내었다. 실제 세상을 살아가는 인간들이 갖기에는 어려운 표정이지만 그런 표정을 갖고 싶은 바람으로 만들어진 듯하다. 많은 이들이 각각의 표정들과 함께 사진을 남기고자 매우 분주한 곳이다.

반얀트리와 함께한 타프롬(Ta Prohm) 사원

타프롬Ta Prohm은 앙코르 톰 내에 있는 사원 가운데 하나로 자야바르만 7세가 어머니를 위해 지은 불교 사원이다. 제국의 몰락과 방치로 인해 커다란 거목들로 뒤덮여 버린 사원의 모습이 매우 충격적이다. 석조건물들을 뚫고 그 뿌리를 내린 거목들. 사원의 돌담과 지붕을 휘감고 있는 모습은 두려움마저 느끼게 한다. 사원보다는 이 거목에 대한 이야기들이 더 많다. 사원을 파괴해 온 듯한 거목의 모습을 곰곰이 살펴보니 오히려 이 사원을 지켜 낸 건 아닌가 싶었다. 쓰러지는 석조건물들이 뿌리에 의해 지탱되고 있는 듯 보였다. 커다란 돌을 뚫고 휘감은 거목의 모습으로 공포감을 일으켜 많은 이들의 공격으로부터 사원을 지켜 내며 오랜 세월 같이 지내 온 듯했다. 사원 건물과 나무만이 서로를 의지하며 사람들에게 버려진 세월을 견디어 냈다. 그런데 그 나무의 이름이 '반얀트리'라 했다. '전 세계의 지친 여행자들에게 특별한 휴식과 휴양을 제공하는 것'을 지향하는 반얀트리 리조트 브랜드가 왜 이 이름을 선택했을까 하는 궁금증도 생겼다.

원산지가 '인도'인 반얀트리^{Banyan Tree} 는 '뽕나무'과에 속하며, 우리말로는 '벵갈보리수'이다. '반얀트리'의 '반얀^{Banyan}'의 어원은 '반야^{Banya}', 즉 산스크리트어로 '빤야^{지혜}'라고 한다. 이 나무는 위로 30미터 이상 자라고 줄기에서 가지가 아래로 뻗어 땅에 닿으면 땅으로 들어가 뿌리가 되고 다시 그 속에서 줄기가 나와 결국은 숲 전체를 덮는다고 한다. 즉, 한 나무가 자라 위로 다 자라면 이를 '지혜가 완성되면'으로 해석한다, 가지를 쳐서 다시 새로운 지혜를 계속해서 펼쳐 나가는 모습['대승^{大乘}']이라 하여 '반얀트리'는 '지혜의 상징'이 되었다. 무수한 새로운 가지로 다시 탄생하는 영겁을 지속하는 과정 속에서 수없이 반복되는 고통과 노력들로 가득 찬 반얀트리는 이내 우리의 삶의 모습과 닮아 보인다.

실제로 부처님이 반얀트리 아래서 깨달음을 얻은 것과 같이, 인도에서는 반얀트리 아래에서 많은 이들이 수행을 한다고 한다.

또한 반얀트리는 무한정으로 뻗어 가는 확장성 때문에 영원한 삶, 윤회의 삶을 상징하기도 해서 힌두교에서는 반얀트리를 매우 신성시한다. 반면, 반얀트리가 무성한 곳에서는 다른 식물들이 전혀 자랄 수 없다고 한다. 반얀트리가 땅의 영양분을 모두 섭취해 버리고, 햇빛도 차단하여 다른 식물들이 자랄 수 있는 여지를 주지 않는 것이다. 그런데 이 반얀트리가 수명을 다해 죽게 되면 나무가 덮고 있던 땅은 메마르고 오히려 황폐해 버린다고 한다. 결국 반얀트리가 오랜 세월 속에서 앙코르 유적을 같이 지켜 내고 있었던 것 같다. 앙코르 유적, 특히 '타프롬 사원'은 반얀트리가 제공한 오랜 휴양과 휴식의 시간을 보내고, 이제 우리 앞에 당당히 서 있는 듯하다.

솔직히 유적보다는 반얀트리에서 많은 영감과 경이로움을 받게 되었다. 반얀트리는 그 지난 세월 속에서 어떤 느낌으로 이 유적들과 함께했을까? 같이 버텨 내는 시간이었을까? 혼자만이라도 살아야 한다고 느꼈을까? 결국은 같이 살아 낸 거 같다. 반얀트리가 없었다면 다른 동식물들로 인해 유적은 더 망가졌을지도 모른다. 반얀트리가 있었기에 파괴된 듯하지만 타프롬 사원은 유수의 그 시간 속에서도 지금의 모습으로 남아 있는 듯했다.

전략적 관람이 필요한 앙코르와트

학자들 가운데는 앙코르와트를 '세계 7대 불가사의'에 포함시키기도 한다. 세계에서 가장 큰 석조건물로 지칭되기도 하는 '앙코르와트'는 1113년경부터 1140년까지 수리야바르만 2세에 의해 건축되었다. 전체가 3층 구조로 이루어져 있으며, 3층 중앙에는 5개의 탑과 수미산須彌山. 고대 인도의 우주관에서 세계의 중심에 있다는 상상의 산을 상징하는 중앙탑이 있다.

　멀리서 본 사원의 웅장함과 규모에 놀라게 되지만, 가까이서 보면 기둥과 벽면마다 새겨진 정교한 부조浮彫에 또 한 번 놀라지 않을 수 없다. 그래서 거대하고 웅장한 이 사원을 보려면 보다 전략적이어야 한다. 그러지 않으면 그 규모만을 느끼고 끝날 수 있다. 찬찬히 조금이라도 이 사원을 이해하기 위해서는 거대 석벽 회랑을 둘러보아야 한다. 네 개의 회랑마다 새겨진 부조물들은 역사서와 같다. 여유가 있다면 그 부조들의 이야기를 새기며 거닐면 좋다. 권선징악 스토리인 인도 힌두교 서사시, '라마야나' 이야기서면 북쪽, 사후세계를 묘사한 '천국과 지옥' 힌두신화남면 동쪽, 사원을 건축한 수리야바르만 2세의 전투 장면남면 서쪽, 힌두교의 천지창조에 얽힌 신화 속의 비슈누 신태양신 혹은 수호신으로, 창조신 브라마, 파괴신 시바와 함께 힌두교의 3대 신으로 불림 등의 모습을 볼 수 있다. 반면, '천국과 지옥'의 신화 부조에 새겨진 지옥의 고문 방법혀 빼기. 뜨거운 불과

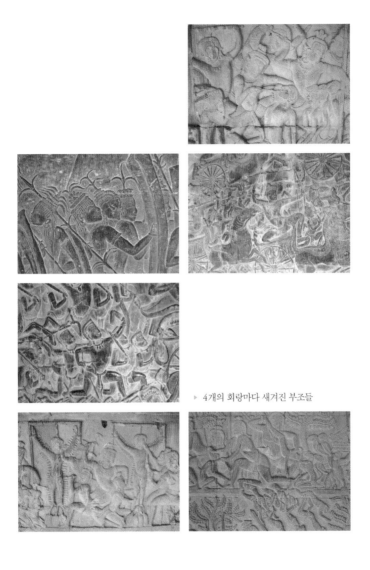

▶ 4개의 회랑마다 새겨진 부조들

203

바늘에 담금질하는 식의 형벌 장면이 실제로 캄보디아 폴 포트 정권 시절의 고문 양상과 유사하다고 하니 씁쓸한 기분을 떨칠 수 없었다. 역사나 신화의 이야기는 권선징악을 통해 사람을 바르게 이끄는 목적이 있는데, 오히려 이를 통해 악용되었다니 씁쓸하기만 했다.

신을 위해 만들어진 계단

중앙의 신전으로 가려면 반드시 3층에서 가파른 계단을 이용해야 한다. 한때는 이 계단 때문에 앙코르와트 여행을 고려하지 않았다. 겁도 많고 동작도 둔한 나는 넘어지면 안 된다는 생각에 도심의 계단에서도 꼭 손잡이를 잡고 이동한다. 그런데 70~80도 경사에 지은 지 수백 년이 넘은 계단을 오르고 내린다는 것은 상상이 안 되었다. 앙코르와트 계단에 대한 두려움은 10여 년 전 보조계단 설치가 안 된 상태에서 다녀온 남편의 얘기도 한몫했다.

이렇게 계단이 가파른 이유는 당초 인간을 위해 만든 계단이 아니라 신을 위해 만들었기 때문이라고 한다. 인간의 접근을 처음부터 어렵게 하기 위해 가파르게 만들었다고 한다. 반면, 3층은 왕과 사제들의 공간이라 회랑에서 보던 서사적인 부조물도 없다. 무지한 일반백성들은 글을 모르니 부조물을 통해 신과 지배층에 대한 경각심을 일깨우도록 한 것이다. 하지만 지배층인 왕과 사

제들은 그러한 학습과 계몽이 필요 없으니 그들만의 공간에는 서사적 부조가 필요 없었던 것이다. 과연 종교란 사회지배를 위한 제도로 이용된 건 아닌가 하는 의구심만 커졌다.

캄보디아 국가 정체성, 앙코르

앙코르와트 3층의 기둥 모양이 매우 인상적이었다. 기둥들 사이로 촬영구도를 잡으니 앙코르 지역의 풍광이 멋지게 잡힌다.

▶ 캄보디아 씨엠립 공항의 실내

그런데 이 기둥들의 모습이 캄보디아 씨엠립 여행 중 많이 발견된다. 소피텔 호텔 식당, 씨엠립 공항 등에 유사한 형상으로 실내 디자인도 하고, 이를 촬영한 사진들도 곳곳에서 발견할 수 있다. '앙코르와트' 유적 전체 이미지 형상 외에도 이 기둥이 캄보디아의 또 하나의 정체성인 듯하다.

앙코르와트는 서쪽 면이 정면으로 자리 잡고 있다. 그 이유는 확실하지 않지만, 크메르인의 풍습으로 죽은 자는 반드시 머리를 서쪽에 둔다는 점과 이곳이 수리야바르만 2세 왕의 묘로 지어졌기 때문에 서쪽을 향했을 것이라는 주장이 있을 뿐이다. 어떤 설說이 있든 간에 앙코르와트를 나오는 시간의 석양의 모습은 잊지 못할 또 하나의 추억이다.

반면, 앙코르와트는 '씨엠립'에서 일출을 보기 위해 가장 많은 관광객들이 몰리는 곳이다. 앙코르와트 뒤로 해가 떠오르며 붉은 여명과 사원의 그림자가 실루엣 형상으로 펼쳐지는 모습은 상상만 해도 가슴이 떨린다. 아쉽게도 이번 여행에서는 일출을 볼 수 없었지만, 앙코르와트 전경이 비치는 연못 앞에서 기념사진을 찍으며 다음 일출을 보기 위한 또 한 번의 방문을 위한 기도를 드렸다.

프랑스 식민지 시절부터 앙코르와트와 앙코르 후손들은 '앙코르'를 통해 캄보디아 국가 전통과 정체성을 확립하고자 했다. 앙코르와트를 상징하는 문양은 캄보디아 국기에도, 캄보디아 어느 곳을 가나 쉽게 찾아볼 수 있는 그들의 '정체성' 이미지이다. 식민지 시절이니 더욱 그들의 성제성을 찾고사 하는 것이 강했으리라 생각된다. 더구나 8세기 말부터 15세기 중반까지 주변국을 아우르는 대제국을 이룬 크메르족의 위대한 유적인 '앙코르'는 그들의 자부심이자 역사 그 자체라 할 수 있다.

톤레사프(Tonle-sap)와 캄보디아 아이들

호수일까, 바다일까? '톤레사프'에서 일몰 보기

도심에서 한 시간 반을 이동했다. 도로사정이 더 좋았다면 아마도 30분 이내 도착할 수 있는 거리였다. 약간은 덜컹거리고 약간은 들썩거리며 도착한 우리는 20여 명 좌석이 있는 배에 올라탔다. 선장과 선장 아들인 듯한 열 살 남짓의 야무져 보이는 남자아이가 우리를 안내했다. 생각보다 수위가 낮아 먼지가 많이 날렸고, 예전에 TV 프로그램에서 보던 쪽배(?)를 이용하는 아이들과 주민들은 보기 어려웠다. 수상가옥을 받치고 있는 다리들이 거의 드러난 것을 보면 계절상 '건기乾期'가 맞는 듯했다. 그런데 15여 분 배가 달렸을까. 갑자기 호수도 아닌, 강江도 아닌 수평선이 보이는 듯한 바다가 나타났다. 사실 바다가 아니라 호수인데도 끝이 보이지 않을 정도로 넓고 깊어 보여 망망대해 한가운데 있는 듯했다. 우리는 다시 두 명씩 나누어 마을 주민들의 자가용인 쪽배를 타고 맹그로브 숲을 둘러보았다.

쪽배를 운전하는 이들은 대부분 여성들이었고, 이들은 매우 익숙한 솜씨로 노를 저어 가며 빽빽한 나무들의 사이사이를 헤쳐 나갔다. 나무들이 빼곡히 찬 맹그로브 숲을 굽이굽이 지나가는 순간에는 묘한 환상적인 분위기를 느꼈다. 촘촘하게 심겨 있는 나무들 사이가 물로 가득 찬 모습은 처음 보았다. 나무들이 너무 촘촘히 있어 거의 햇빛이 들지 않았는데, 4시 이후 일몰 전 강렬하게 내리쬐는 햇빛은 그 힘을 최고로 발하는 듯하였다. 내가 햇빛에 당황해 하니 준비된 양산을 내어 준다. 노를 저으면서도 이런 준비됨과 배려에 감사했다.

열악해서 더 홍보가 된 수상가옥

'톤레Tonle'는 '거대한 물', '사프Sap'는 '호수'라는 뜻이다. 그러므로 '톤레사프'는 '거대한 호수'라는 뜻이다. 톤레사프는 동양에서 가장 크며 세계에서 4번째로 큰 호수다. 톤레사프의 크기는 물이 제일 적은 4월 말 5월 초에는 약 2,500~3,000㎢이다. 하지만 10월 말 11월 초, 물이 제일 많은 시기[우기雨期]가 되면 호수의 면

적이 약 10,000~15,000㎢ 정도로 3배 가까이 커진다. 이처럼 계절우기와 건기에 따라 호수의 면적은 크게 달라지며 수심도 1~12미터로 큰 폭으로 바뀐다고 한다. 현재 50만 명 정도의 사람들이 이 호수의 수상가옥에서 생활 중이다. 대부분은 내전 때 건너온 베트남 난민들이다. 그래서 생활수준은 우리가 보기에는 열악해 보인다. 캄보디아 국가 전체가 아직 빈곤에서 헤어나지 못한 상태인데, 그러한 나라에서도 가장 어려운 생활을 하는 난민들의 모습이다.

아이러니하게도 '물 위에 사는' 이들에게는 톤레사프가 그들의 생활터전이기 때문에 톤레사프의 인기와 함께 더 많은 관광객들에게 노출되고 알려지고 있다. 그래서 관광책자나 TV 프로그램 등에 톤레사프 내 수상가옥에 사는 아이들이 자주 등장한다.

건기와 우기, 범람, 식량자원의 보고

'톤레사프' 호수의 수원水原은 세계의 지붕이라 불리는 티베트고원이다. 3~4월 즈음 봄이 되면 티베트고원의 만년설이 녹기 시작한다. 이 물이 흘러 흘러 중국 윈난성을 거쳐 라오스, 캄보디아를 지나 베트남 메콩델타를 거쳐 남중국해로 빠진다. 이 4,900km의 흐름은 동남아시아의 젖줄 '메콩강'이 된다. 반면, 4월 말 5월 초순 즈음이면 인도 앞바다에 머물고 있던 비구름이 몰려오면서 동남아시아는 우기雨期로 접어든다. 티베트고원의 눈 녹은 물과 우기로 인한 물이 합쳐져 메콩강의 수위는 빠르게 올라간다. 그러다 결국 본격적인 우기6~7월에 들어서면 메콩강은 범람하여 역류하는데, 이로 인해 지금의 톤레사프를 형성한다고 한다. 수백 년간 반복되어 온 현상이다. 이때 메콩강을 따라 미생물, 플랑크톤, 각종 크기의 물고기들도 딸려 오고 비옥한 토지를 형성하는 퇴적층도 밀려든다. 그리고 호수에 잠긴 맹그로브 숲은 물고기에게

살기 좋은 서식처가 되고 최적의 산란장으로 변하게 된다. 그래서 톤레사프는 250여 종의 물고기가 서식하며 세계에서 가장 물고기가 많이 살고 있는 호수 중 하나다.

　그래서 톤레사프는 캄보디아인들의 주요한 식량공급원이다. 오죽하면 캄보디아의 화폐단위가 여기서 많이 잡히는 고기 이름을 딴 '리엘riel'일까 싶다. 화폐가 없던 시절, 당시 흔한 '말린 리엘'로 거래를 했던 전통이 반영된 것이다. 여기서 잡힌 생선들은 굽거나 기름에 튀겨 먹고, 남는 것들은 바짝 말려 훈증을 하거나 소금에 염장을 해서 오래도록 보관하여 먹는다. 염장한 생선들에서 3~4개월이 지나면 물이 나오는데, 이를 '떡뜨라이'라고 한다. 우리의 '액젓'과 비슷하다. 국을 끓이거나 양념을 할 때 중요하게 사용되는데, 이는 인도차이나 음식들^{특히, 국수를 포함하여}이 우리의 입맛에 딱 맞는 감칠맛을 내는 주요 요인 중 하나다.

　반면, 10월이 되면 티베트고원에도 겨울이 와서 녹던 물이 얼기 시작한다. 그래서 10월 말이 되면 동남아시아 지역은 우기에서 건기^{乾期}로 들어가면서 메콩강의 수량이 급격하게 줄게 된다. 캄보디아는 10월 중순부터 이듬해 5월까지는 건기이다. 건기가 되어 호수의 물이 빠지면서 나타난 토지는 매우 비옥하여 농사를 짓기에 최적이다. 11~12월이 되면 캄보디아는 농사로 바빠지는 시기가 된다. 물이 빠지면서 그곳을 사람들은 걸어서 오가기도 한다. 그래서 우리가 방문했던 1월에는 TV 프로그램 등에서 보던 모습, 즉 큰 세숫대야에 앉아 물 위를 떠다니며 동냥을 하던 아이들의 모습은 보이지 않았다.

물 위에서 태어나 물 위에서 평생을

캄보디아 사람들은 비교적 잘생긴 편 같다. 크게 분류하면 동남아시아인, 인도차이나 3국인의 하나이지만 인도와 태국인들을 적절하게 혼합해 놓은 모습이다. 인도인을 닮아 눈이 크고 진한 편이다. 피부색도 다른 동남아시아인들보다 까무잡잡하다. 그래서 남중국과 가까운 베트남인과도 다르고, 라오스인과도 많이 다르다.

캄보디아는 이웃 나라인 태국과의 빈번한 전쟁, 그리고 '킬링 필드'와 같은 참혹한 시절을 거치면서 국가와 사회를 이끌어 갈 엘리트^{Elite}층을 많이 잃었고, 이는 국가의 빈곤을 초래하고 발전을 저해하는 요소가 되었다고 한다.

그러한 형편의 캄보디아에서도 수상마을은 베트남의 난민들이 자리 잡은 곳이다. 공산화되는 나라를 등지고 메콩강을 따라 이곳에 왔으나 이제는 자신이 버렸던 나라에도 돌아갈 수도 없는 처지이다. 또한 캄보디아인들이 가지고 있는 베트남인에 대한 적대감으로 육지로 나가 살 처지도 안 되어 이러한 생활을 계속하고 있다. 수상마을 사람들은 물 위에서 태어나 물 위에서 평생을

▶ 톤레샤프(Tonle-sap)의 (위) 수상가옥, (아래) 수영하는 아이들

산다고 한다. 톤레사프의 물로 밥도 하고 설거지도 하고 목욕도 하고 수영도 즐긴다. 관광을 마치고 돌아오는 배편에서 맡은 밥 짓는 냄새와 연기가 아직도 기억에 생생하다. 자신의 국적이 어 디이든, 캄보디아에서 어떠한 대접을 받고 있든 우리가 생각하듯 그들의 모습은 힘들어 보이지 않는다. 우리의 편견과 오해에 따 른 그들의 고달픈 모습은 보이지 않는다.

세상을 읽는 법을 일찍 깨달은 아이들

오히려 물에서 천진난만하게 즐기는 그들의 표정은 한국의 아이 들을 통해 보지 못한 편안함, 자유로움이었다. 학교를 마치고 집 으로 돌아가는 교복 입은 아이들의 장난치는 모습, 반바지만 걸 친 채 대여섯이 모여 톤레사프 호수 물에 다이빙을 하는 아이들 의 천진함, 밥 지을 땔감에 불을 붙이는 아이들의 미소, 모두들 제 자리에서 즐거워 보였다. 생활은 불편할지 모르지만, 그 또한 익 숙해지면 별문제가 안 된다. 단순하고 아주 평범한 그들의 일상 이 오히려 여유로워 보였다.

선주尤主의 아들은 어린아이임에도 의젓해 보였다. 빠른 눈치 로 민첩하게 아버지를 돕는 모습이 더욱 어린아이 같지 않았다. 좌우로 흔들림이 심한 배에서도 당당하게 뱃머리에 서서 바람을 가르는 자세, 당당한 눈빛과 의젓함, 아버지에 대한 배려 등에 왕복 30여 분 동안 그 아이에게서 눈을 놓칠 수 없었다. '어린아이가 학교도 안 가고 아버지를 도와 어려서부터 일을 하는구나'라는 측은지심으로 바라볼 수도 있었지만 그건 내가 사는 곳의 기준으로 판단하는 자만심이라 생각되었다. 배에서 내리며 감사한 마음으로 초콜릿을 두 손으로 건넸을 때, 그 아이는 이곳의 방식으로 두 손을 합장하고 고개를 숙이며 감사 인사를 했다. 두 손으로 공손히 받는 모습은 아직도 눈에 선하다. 자식들이 보는 앞에서 부모들이 '노동'을 하는 시절에는 부모에 대한 존경과 가족애※는 자연스럽게 형성되는 인간의 감정이었다. 부모에 대한 존경과 감사한 마음이 저절로 생겨나기 때문이다. 직접 노동을 하며 가족들을 돌보는 모습은 자식들에게 큰 의미가 있는 것 같다. 그래서 아버지를 돕는 선주의 아들도 그렇게 의젓해 보였는지 모른다.

처음 톤레사프에 도착하여 배를 타려고 버스에서 내리자 카메라를 든 사람들이 우리를 마구 찍어댔다. 아니나 다를까 수상가옥들과 톤레사프를 다 돌고 다시 버스 쪽으로 걸어가고 있는데, 우리가 찍힌 사진이 캄보디아 배경이 있는 액자에 담겨 어린아이들에 의해 판매되고 있었다. 그 아이들은 사진 속의 얼굴과 지나가는 우리 일행들의 얼굴을 재빨리 비교하며 찾아내 다가서는 '트리달러⁵³'를 외쳤다. 어찌나 빠르고 정확하게 사진 속 인물과 실제 인물을 찾아, 빠르게 이동하는 그 순간에 판매를 하는 아이들의 모습에서 절박함과 동시에 그들의 센스가 느껴졌다. 사람에게 절박함이란 어려운 일을 가능하게 하고 세상을 빨리 읽을 수 있는 능력을 준다. 그들의 눈에서 그것을 느낄 수 있었다. 5초 이내에 모든 걸 가능하게 했다.

반면, 그들에게 우리가 사는 기준으로 측은지심惻隱之心을 갖는 것은 안 된다는 반성을 했다. 우리가 가진 물질적인 풍요가 그들에게 없다고 해서 그들이 불행하다고 할 수 없다. 불편할 수는 있겠지만, 그 불편이 익숙한 일상이라면 그들은 우리보다도 더 행복할 수 있다. 'Flow in Poverty가난 속에서의 몰입*'도 행복을 느낄 수 있다고 했다. 단, 가난이 가져올 수 있는 불행의 확률, 즉 사고와 병, 죽음, 가족들의 이산離散이라는 불행을 느낄 수 있는 재난 같은 일이 일어날 가능성이 높아 그것이 발생했을 때 느끼는 것이 고통스러울 뿐이지, 가난을 견디며 살아 내는 삶 속에는 '몰입으로 인한 행복'이 있으리라 생각된다.

---

* TED 미하이 칙센트미하이의 몰입 강연(2004.2.).

프렌치 인(in)
캄보디아
씨엠립

프렌치 라이프스타일 소피텔 호텔

• 압사라 댄스

야외에 마련된 호텔 뷔페 레스토랑에서는 저녁마다 '압사라' 댄스 공연이 있었다. 압사라 댄스는 유네스코 세계 무형 문화유산으로 등록되어 있는 캄보디아 전통 무용이다. '천상의 무희'라는 뜻의 '압사라'는 앙코르와트의 벽화에서도 찾아볼 수 있다. 수백, 수천 가지의 동작을 표현한 압사라의 부조가 앙코르와트에 있다. 압사라 댄스는 인도 힌두신화 라마야나^{Rama yana}를 주제로 한 것이다. 그런데 동남아 국가들의 전통춤을 잘 모르는 나에게는 의상이나 춤의 방식이 태국의 것과도 유사해 보였다. 얘기에 의하면 앙코르 왕조 멸망 당시 태국에서 압사라 춤을 받아들였기 때문이라고 하는데, 이는 캄보디아의 주장인 만큼 양국의 의견을 각각

▶ 호텔 압사라 댄스 공연

수렴해 볼 필요가 있을 것이다. 하지만 전통춤조차도 서로 경쟁하며 '원조'를 주장하는 것을 보면 인접한 국가 간의 경쟁과 시기심은 시대와 지역을 막론하고 비슷한 듯하다. 반면, 압사라 댄스 공연을 보는 동안, 앙코르 제국이 멸망한 시기부터 수백 년간의 앙코르 문화가 단절되어 온 점, 폴 포트Pol Pot의 공산 지배 당시 등을 고려해 볼 때 '전통'을 어떻게 유지했을까 하는 의구심도 떨칠 수 없었다.

압사라는 힌두교 3대 신神 중 하나인 '파괴의 신'인 시바신을 기쁘게 하는 인도신화에 나오는 댄서자세히 말하자면 '선녀'인였다. 압사

▶ 앙코르와트 내 '압사라(천상의 무희)'의 부조

라는 '하늘의 무희'와 '최고의 사자'라는 의미도 가지고 있다. 앞
에서도 언급했지만 압사라의 다양한 모습은 앙코르와트 유적의
벽화에도 부조로 남아 있다. 압사라의 손동작, 옷맵시 등에 따라
1,700여 개의 다른 모습의 부조를 앙코르와트에서 볼 수 있다. 이
러한 부조들을 통해서도 전통 무용의 방법을 유지하고 재현할 수
있지 않았을까 하는 생각도 들었다.

  압사라 댄스는 우선 화려하다. 의상과 머리에 장식된 왕관 등
모든 것이 황금색이다. 화려하고 타이트한 의상과 각양각색의 장
신구^{금팔찌, 왕관}, 관능적인 몸동작 등은 잠시도 눈을 뗄 수 없게 만

드는 매력이 있다. 특히 무희들의 손동작은 경륜을 보여 주기도
한다. 손가락의 휘어짐이 예사롭지 않다. 거의 90도까지 꺾어지
며 유연한 곡선을 만들어 내는 손목과 손가락은 압사라 댄스의
정수라 할 수 있다. 그래서 생각보다 까다로운 춤으로 통한다고
한다.

• 티크 나무

역사와 전통이 있는 유럽 귀족 가문에서는 티크 원목으로 만들어
진 가구를 하나 이상은 소유하고 있다고 한다. 또한 태국 및 미얀
마의 유명한 왕궁 중에는 티크목으로 지어진 곳도 많다. 티크는
수백 년이 지나도 변형이나 색바램이 없이 고급스러움을 더해 가
는 특징으로 인해 유럽 부호들이나 동남아시아 많은 왕족들이 사
랑하는 수종이다. 그런데 이곳 '소피텔 앙코르' 호텔의 인테리어
는 '나무의 황제'라고 불리는 최고의 수종 '티크Teak'로 되어 있어
호텔의 격을 한층 업그레이드한다. 주요 7성급 이상 고급호텔의
문이나 가구, 몰딩 등에 사용된다는 이 나무를 이용해서 로비를
장식하니 상당히 고풍스러웠다. 티크는 미얀마를 비롯하여 태국,
라오스, 캄보디아, 인도네시아에서만 생산되는 나무다. 시간이 흘
러 손때가 묻어도 티크만의 색상과 고풍스러운 분위기가 그대로
유지되는 장점이 있어 식민지 시대에 가장 많이 수탈된 품목이기
도 하다. 그래서 최근에는 각 국가별로 티크목* 수량 관리를 엄

▶ 티크로 만들어진 계단

격히 하고 있어 국제적으로 형성된 가격도 높다. 특히 미얀마의
버마티크는 세계적으로 인정받는 수종이지만, 가격이 워낙 높아
국내에서는 쉽게 찾아보기도 어렵다. 소피텔 앙코르Sofitel Angkor Pho-
keethra 골프앤드 스파 리조트 호텔은 이러한 티크로 만들어진 계
단과 벽면, 바닥, 객실의 가구로 인해 지나다니는 순간순간에도
그 고급스러움과 아름다운 컬러에 취한다. 엘리베이터가 있지만,
티크로 만들어진 계단을 한 개씩을 밟아 올라가며 티크의 우아함
을 조금이라도 더 누려 보려 했다.

'Spoons' 레스토랑과 캄보디아의 사회적 기업 EGBOK*

동남아시아를 여행하다 보면 서양 관광객들에게 인기가 좋은 레스토랑들이 있다. 비교적 인테리어도 우수하고 현지식도 서양인들이 좋아하는 스타일로 제공되는 그런 곳들이 많은데, 주로 서양인들이 직접 운영한다. 그리고 그 운영 형태를 보면 '사회적 기업'인 경우가 많다. 우리가 방문했던 현지식 파인다이닝 레스토랑 '스푼Spoons'도 사회적 기업 'EGBOK'가 운영하는 곳이다. '한 번의 식사로 세상을 변화시키자!Helping make a difference, one meal at a time!' 라는 캐치프레이즈를 가지고 캄보디아 학생들을 호스피텔리티Hospitality 업종에 종사하는 서비스 리더로 교육, 훈련, 육성한다. 레스토랑 '스푼Spoons'에서 일하는 서버들 대부분이 사회적 기업 'EGBOK'에서 육성된 사람들이다. 요리, 서비스, 영어 등을 교육받은 캄보디아 젊은이들은 이곳에서 일을 하며 스스로 삶을 개척할 수 있는 자립심과 능력을 갖춘다.

음식의 맛이나 분위기는 태국에서의 파인레스토랑과 매우 유사했다. 캄보디아가 오랜 기간의 가난과 전쟁으로 그들의 전통음식을 발전시키지 못한 이유도 있고, 이웃 나라인 태국의 영향을

---

* www.egbokmission.org / 'Everything's Gonna Be OK.'

▶ 사회적 기업 'EGBOK'가 운영하는 레스토랑 '스푼(Spoons)'

▶ 레스토랑 'Spoons(스푼)'의 에피타이저

많이 받아서 그런 듯하다. 그러나 맛은 태국보다 액젓^{피시소스}의 맛
이 좀 더 강한 편이며, 꽃잎이나 현지에서 나는 향신채^{나는 처음 보고}
^{맛본 것이라 이름을 알 수 없었다} 등으로 장식하여 차별화하기도 했다. 우린
캄보디아 맥주 두 병과 인도친이라는 수제맥주 1병, 쪽파와 코코
넛 크림으로 만들어진 만두^{Num Krok}, 닭다리요리^{Tuk Kroueng}, 시금치
와 비트가 들어간 버섯샐러드^{Sandek}, 새우 커리^{Prawn Curry} 등 푸짐하
게 먹고는 33.75달러만 지급했다. 동남아시아 어느 국가보다 저
렴하지만 세련된 그리고 맛있는 음식을 먹을 수 있다.

여행을 통한 나만의 느낌과 생각을, 나만의 방식
으로 남기고자 했다.
언제든 기억으로부터 꺼내 볼 수 있도록. 기록은
언제나 기억을 이기고 역사를 만들기 때문이다.

여행의 추억, 호기심을 간직하다

▼
▼

Chapter 7

여행을 마치고
워크북(WORKBOOK)
작성하기

아름다움을 소유하고자 그 원인이 되는 요인을
의식하고 이해하고 묘사하는 공간

인도차이나 3국 맥주 맛의 매트릭스와 그래프

1. 맥주 맛의 매트릭스*

국가	종류	맛/피니싱(Finishing)	바디(Body)감	도수	특징
라오스	비어 라오 오리지널 (Beer Lao Original)	홉의 새콤한 향기(첫맛) 고소하면서 부드러운 맛 탄산으로 인한 청량감, 부드러운(Silky) 맛 부드러운 목 넘김(easy finishing)	균형감이 뛰어난 풀바디(full body)의 느낌 깊고/쌉싸름함/구수함/달콤함의 4가지 맛	5%	독일 홉(Hop)과 효모, 프랑스 몰트, 라오스(재스민) 쌀 사용 페일 라거, 독일식 필스너 방식
	비어 라오 골드 (Beer Lao Gold)	은은한 홉의 향, 부드러운(mild&silky) 맛, 부드러운 목 넘김(easy finishing)	소프트(soft) & 중간(medium) 정도의 바디감	6.5%	2010년 론칭 '카오 까이 노이(Khao Kai Noy)'라는 멥쌀을 사용하여 '향'이 좋음
	비어 라오 다크 (Beer Lao Dark)	캐러멜 향과 구운 맥아 맛 흑맥주와 비슷하고 쌉쌀한 맛	묵직한 질감(bold)의 풀바디(full body)의 느낌	6.5%	2005년 론칭 독일제 블랙 몰트 사용 체코의 '코젤'과 유사함 맵고 자극적인 음식과 조화

---

* 여행 중 체험한 맥주의 맛과 바디감, 무게감, 특징 등을 주관적인 느낌으로 메모하였음.

국가	종류	맛/피니싱(Finishing)	바디(Body)감	도수	특징
라오스	비어 라오 화이트 (Beer Lao White)	바나나와 열대과일, 라임/레몬 같은 상큼한 과일 향 (refreshing & fruitliness) 부드러운 목 넘김(easy finishing)	균형감은 있으나 중간(medium) 정도의 바디감	5%	2018년 7월 론칭 수제맥주(craft beer) 라인
	비어 라오 호피 (Beer Lao Hoppy)	맥아의 쌉쌀한 맛과 오렌지 같은 과일 향의 조화, 부드럽지만 인상 깊은 풍미	풀바디(full body)의 느낌	5%	2018년 7월 론칭 수제맥주(craft beer) 라인
	비어 라오 엠버 (Beer Lao Amber)	캐러멜과 과일절임의 조화로운 맛과 향, 약간의 쓴(bitter)맛	풀바디(full body)의 느낌	5%	2018년 7월 론칭 수제맥주(craft beer) 라인
캄보디아	앙코르비어 라거 (Angkor Beer Lager)	쓴맛이 거의 없고 고소함 청량감 & 탄산감이 있으나 쉽게 사라지는 맛, 자연스러운 목 넘김(short finishing)	라이트(light) 한 무게감 중간 이하 (medium-low) 정도의 바디감	5%	'My Country, My Beer' 슬로건을 가진 캄보디아를 대표하는 맥주
	앙코르비어 엑스트라 스타우트 (Angkor Beer EXTRA STOUT)	구운 맥아 & 다크 초콜릿 & 커피의 향으로 풍미, 비교적 적은 탄산감, 쓴맛의 목 넘김(bitter finishing)	중간-무거움 (medium-heavy)의 바디감	8%	
	캄보디아 비어 (Cambodia Beer)	약간의 쓴맛 (slightly bitter) 탄산의 맛은 있으나 약함	앙코르 비어보다 가벼움, 중간 이하 (medium-light) 정도의 바디감	5%	
	크랑 스무스 (Klang Smooth)	페일 라거 (Pale lager)의 맛	부드러움	6%	
	인도친 비어 (Indochine)	'고수'와 '정향' 같은 향신료의 맛 상큼하고 깔끔하고 약간은 부드러운(slightly creamy) 맛	부드럽고 중간 (medium) 정도의 바디감	5%	

국가	종류	맛/피니싱(Finishing)	바디(Body)감	도수	특징
베트남	333 엑스포트 (333 Export)	상큼함보다는 시큼함, 쌉쌀함, 사이공보다 더 시큼함, 쓴맛의 목 넘김(bitter finishing)	라이트(light) 한 바디감과 무게감	5.3%	1994년에 미국에 진출, 베트남의 효자 맥주
	비아 사이공 (Bia Saigon)	쌀의 고소한 맛과 홉의 쓴맛의 조화, 몰트 향, 청량감 부드러운 목 넘김(creamy finishing)	라이트(light) 한 바디감과 무게감	4.4%	
	비아 하노이 (Bia Hanoi)	강한 몰트 향으로 끝맛이 쌉싸름함, 터프한 탄산의 맛으로 전형적인 라거스 타일임 쓴맛의 목 넘김(bitter finishing)	중간(medium) 이상의 바디감으로 터프한 무게감	4.2%	기름진 음식과 마리아주
	비아 호이 (Bia Hoi)	쌀, 옥수수, 칡 등의 현지식 곡물의 구운 맛, 가볍고 시원한 맛. 부담 없는 목 넘김(short finishing)	라이트(light) 한 바디감	4.7%	얼음 타 먹기 스파이시한 음식과 마리아주

Beer Taste Graph

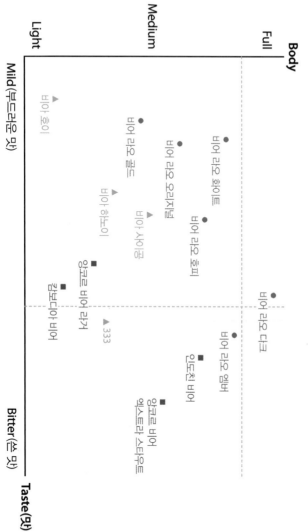

Body

Full

Medium

Light

Mild(부드러운 맛)

Bitter(쓴 맛) ── Taste(맛)

비어 홀이

비어 라오 골드

비어 라오 오리지널

비어 라오 화이트

비어 라오 홉피

비어 하노이

비어 사이공

앙코르 비어 라거

333

캄보디아 비어

비어 라오 다크

비어 라오 앰버

인도친 비어

앙코르 비어
엑스트라 스타우트

234

2. 체험 후 채워 가기*

국가	종류	맛/피니싱(Finishing)	바디(Body)감	도수	특징
라오스	비어 라오 오리지널 (Beer Lao Original)			5%	
	비어 라오 골드 (Beer Lao Gold)			6.5%	
	비어 라오 다크 (Beer Lao Dark)			6.5%	
	비어 라오 화이트 (Beer Lao White)			5%	
	비어 라오 호피 (Beer Lao Hoppy)			5%	
	비어 라오 엠버 (Beer Lao Amber)			5%	
캄보디아	앙코르비어 라거 (Angkor Beer Lager)			5%	

---

* 인도차이나 3국의 맥주 여행을 체험한 후 맛과 느낌을 기록하기

국가	종류	맛/피니싱(Finishing)	바디(Body)감	도수	특징
캄보디아	앙코르비어 엑스트라 스타우트 (Angkor Beer EXTRA STOUT)			8%	
	캄보디아 비어 (Cambodia Beer)			5%	
	크랑 스무스 (Klang Smooth)			6%	
	인도친 비어 (Indochine)			5%	
베트남	333 엑스포트 (333 Export)			5.3%	
	비아 사이공 (Bia Saigon)			4.4%	
	비아 하노이 (Bia Hanoi)			4.2%	
	비아 호이 (Bia Hoi)			4.7%	

Beer Taste Graph

Body

Full

Medium

Light

Mild(부드러운 맛)　　　　　　　　Bitter(쓴 맛)　　**Taste(맛)**

인도차이나 3국의 경제, 사회, 문화 Fact Sheet*

1. 일반현황 및 경제지표

		라오스	베트남	캄보디아	한국
국기					
독립연도		1949	1945	1953	1945
인구	(백만명)	6.86	95.54	16.01	51.47
인구증가율	(%)	1.5	1.0	1.5	0.4
국토면적	(천㎢)	236.8	331.2	181	100.3
기대수명	(세)	67	76	69	83
출산율	(명)	2.6	2.0	2.5	1.1

* 출처: World Development Indicators(2019.4.24 기준)

		라오스	베트남	캄보디아	한국
1인당 국민소득	(달러)	2,270	2,160	1,230	28,380
GDP	(억달러)	169	2,238	222	15,308
GDP 성장률	(%)	6.9	6.8	7.1	3.1
물가상승률	(%/GDP)	1.9	4.1	3.2	2.3
1차산업 비중	(%/GDP)	16	15	23	2
2차산업 비중	(%/GDP)	31	33	31	36
수출 비중	(%/GDP)	34	102	61	43
수입 비중	(%/GDP)	41	99	64	38

2. 정치 및 사회현황

	라오스	캄보디아	베트남
국가형태	사회주의공화국	입헌군주국	사회주의 공화국
민족구성	라오족이 90% 이외 48개 소수민족	크메르족이 90% 베트남계 5%, 중국계 1%, 기타 4%	낀족(또는 비엣족)이 전체 인구의 86.2% 기타 54개의 소수민족 예) 따이(tay)족 1.9%, 타이(Thai)족 1.8%, 몽(Hmong)족 1.2%, 크메르(Khmer)족 1.5%
종교	소승불교 60%, 토속신상 40% 몽족은 유교	소승불교 95% 이슬람교 3% 기독교 2%	대승불교와 유교, 도교가 융합한 토속신앙이 대부분 가톨릭 9.3%
공산화 기간	1975년~	1975~1979년 킬링필드	1975년 베트남 사회주의 공화국 수립
		폴 포트(무장 공산주의 단 체 크메르 루주의 지도자)	호찌민

	라오스	캄보디아	베트남
ASEAN 가입	1997년	1999년	1995년
프랑스 식민시기	1893년 비엔티안 왕국, 루앙프라방 왕국, 참파삭 왕국이 프랑스 보호국이 되면서 연합됨 1946년 프랑스가 독립 승인. 실질적으로는 1949.7.19. 독립	1863년 프랑스의 보호령이 되어, 1954년 자치국으로 독립	1862~1954년+ 1884년 청불전쟁 1885년 텐진조약, 프랑스 지배권 인정 1887년 프랑스령 인도차이나 연방 성립 1954년 제네바 협정으로 프랑스 철수
	프랑코포니(프랑스어 사용국 기구)의 정회원국	지배층들은 프랑스어 사용	프랑코포니(프랑스어 사용국 기구)의 정회원국

3. 2016년 순수 알코올 소비량(WHO)

- 맥주 등 주류를 즐기는 인도차이나 3국의 알코올 소비량은 세계 평균 소비량 이상을 보이고 있음.

(리터/연간)

세계	한국	일본	인도차이나 3국			이슬람국가		싱가포르	유럽국가	
			라오스	베트남	캄보디아	인도네시아	말레이지아		프랑스	독일
6.4	10.2	8	10.4	8.4	6.7	0.8	0.9	2	12.6	13.4

알게 된 사실(fact)과 가설을 검증(탐구/탐색)하며
나섰다. '구슬도 꿰어야 보배다'라고 하듯, 사실과
검증된 가설들을 하나하나 꿰어가듯 정리했다.